武士道

日本人的精神

新渡戶稻造 著　張俊彥 譯

商務印書館

本書根據東京岩波書店"岩波文庫"本1972年版譯出，
翻譯時曾參考東京丁未出版社1905年英文本

武士道 —— 日本人的精神

作　　者：新渡戶稻造

譯　　者：張俊彥

責任編輯：張宇程

封面設計：涂　慧　‧

出　　版：商務印書館 (香港) 有限公司

　　　　　香港筲箕灣耀興道 3 號東滙廣場 8 樓

　　　　　http://www.commercialpress.com.hk

發　　行：香港聯合書刊物流有限公司

　　　　　香港新界大埔汀麗路 36 號中華商務印刷大廈 3 字樓

印　　刷：中華商務彩色印刷有限公司

　　　　　香港新界大埔汀麗路 36 號中華商務印刷大廈 14 字樓

版　　次：2015 年 9 月第 1 版第 1 次印刷

　　　　　© 2015 商務印書館 (香港) 有限公司

　　　　　ISBN 978 962 07 6565 0

　　　　　Printed in Hong Kong

VISION
經典閱讀　思想掌舵

　　置身知識與資訊的汪洋中，讀經典讓我們站穩腳步，不輕易隨波逐流，或被浪淹吞沒，更讓我們配備方向舵及望遠鏡，省思自身，思考當前社會及世界的境況，探究問題本質，啟導未來。

　　Vision 系列叢書選收社會學、政治學、哲學、心理學、經濟學、人類學、文學等的經典傳世作品，學習前人思哲，訓練獨立思辨能力，觸類旁通。

　　假如你仍停留在只聽過經典作品的名稱，或道聽塗說的階段，還沒一窺作者開闊的視野，邀請你一起讀 Vision，讀世界。

關於新渡戶稻造

新渡戶稻造 1862 年出生於日本岩手縣盛岡市，是日本思想家、農學家、教育家。早年於札幌農學校畢業，並在學校接受洗禮，成為基督徒。1884 年赴美國約翰霍普金斯大學（John Hopkins University）深造，後又轉赴德國哈雷—維滕貝格大學（Martin-Luther-Universität-Halle-Wittenberg）留學，取得博士學位，於 1891 年返日，同年與瑪麗‧埃爾金頓（Mary Elkinton）結婚。

回國後先後任教於札幌農學校、京都大學、東京大學等校。1901 年任台灣總督府殖產局長，提出《糖業改良意見書》。1918 年出任東京女子大學首任校長。1920 年任國際聯盟書記局事務次長，並為日本的學士院會員、貴族院議員。1933 年於加拿大逝世，享年 71 歲。除了《武士道》外，尚著有《農業本論》、《修養》、《自警錄》、《偉大羣像》等書。

新渡戶稻造的名言為"願為太平洋之橋"，他傾注畢生之力，成為日本與各國文化間互相交流的橋樑。其卓越貢獻令人折服，日本政府採用其肖像作為 1984 - 2004 年 5,000 日圓紙幣上的代表人物，以示崇敬與紀念。

《武士道》是新渡戶稻造於 1899 年在美國賓夕法尼亞州患病休養期間，為了向外國人介紹日本的傳統武士道而用英文寫成的。作者年幼時曾接受武士道教育，因此，他在介紹時與別的外國日本研究者有着不同的身份及態度。作者大量引用西方歷史和文學典故進行比較，使外國讀者能易於閱讀和理解。

譯者前言

　　本書作者新渡戶稻造（1862-1933），是日本的一位思想家、教育學家。早年畢業於札幌農學校，並在該校接受洗禮，成為一個基督教信徒。1884年他去美國約翰·霍普金斯大學深造，在取得博士學位後又轉赴德國留學，於1891年返日。回國後先後在札幌農學校、京都大學、東京大學等校任教。1918年任東京女子大學第一任校長。後來在1920年又曾任國際聯盟書記局事務次長，並為日本的學士院會員、貴族院議員，1933年客死於加拿大。主要著作除《武士道》外，尚有《農業本論》、《修養》、《自警錄》、《偉大羣像》等書，而以本書最為有名。

　　《武士道》一書是作者於1899年在美國賓夕法尼亞州養病時，有感於外國人對日本的傳統武士道知之甚少，為了向國外介紹而用英文寫成的。由於作者本人是一個在幼年時親自接受過武士道傳統教育的日本人，因此，正如作者所說，他在介紹時，與別的外國的日本研究者至多只不過是個"辯護律師"不同，"可以採取被告人的態度"。的確，我們在讀到他所系統介紹的武士道的種種方面時，頗有入木三分之感。同時，由於作者是為了向國外作介紹而寫的，行文中大量引用了西方的歷史和文學典故進行比較，所以就更便於外國讀者閱讀和理解。正因為如此，本書一出版就引起了外國讀者的極大興趣。據作者自序說，當時的美國總統西奧多·羅斯福不僅自己親自讀了此書，還以此書分贈其友人。光是本書的日本版從 1900 年到 1905 年的 6 年之間就重版了 10 次，本書還被譯成了多種文字，在世界的日本研究書目中佔有重要位置。目前在我國的日本研究正深入到探討日本的文化傳統、民族特性對當代日本的影響之時，相信把這本頗享盛名的著作譯為中文以饗讀者，或許不無意義。自然，由於本書是在將近一個世紀之前寫出來的，其中有些觀點不免有過時之感，同時，由於作者本人的立場所限，有些觀點也很值得商榷。這是希望讀者們注意的。

中譯本是根據日本岩波書店出版的岩波文庫中，由矢內原忠雄所譯的日譯本 1972 年第 14 版轉譯的，在翻譯時並參考了東京丁未出版社 1905 年出版的第 10 版增訂版的英文原著。日譯者矢內原忠雄是新渡戶稻造的學生，也是一位著名的日本經濟學家，曾任東京大學校長。日譯本略去的作者為便於外國讀者理解而就一些日本風俗習慣所作的腳註，中譯本都恢復了，又添加了一些我們認為有助於中國讀者了解的譯註。凡中譯者所加註釋，均加“——譯者”字樣，作者原註加“——作者”字樣，未加標註的均為日譯者的註釋。

中文譯文承蒙姜晚成先生細心校閱，多所匡正，謹此

深表謝意。由於譯者的水平所限，譯文有不妥之處，還望
讀者指正。

張俊彥
1990 年 7 月於北大中關園

目　錄

日譯者序

這是先師新渡戶博士所著英文《武士道》的全譯本。博士開始撰述本書是在 1899 年（明治三十二年）因病逗留美國療養的時候，即博士 38 歲那年。同年在美國（費城利茲和比德爾公司）、翌年在日本（裳華房）出版，爾後曾多次再版。在 1905 年（明治三十八年）第十版時，進行增訂，在美國（紐約 G. P. 普特南之子出版社）和日本（丁未出版社）發行。又在博士逝世後的 1935 年（昭和十年）由研究社加上博士遺孀的序言發行了新版。

明治三十二年，是日中甲午戰爭之後 4 年、日俄戰爭之前 5 年，世界對日本的認識還極其幼稚的時代。正在這時，博士在本書中以洋溢的愛國熱情、眩博的學識和雄勁的文筆向世界廣泛宣揚了日本道德的價值，其功績是可與三軍的將帥相匹敵的。本書刺激了世界的輿論，理所當然地被廣泛翻譯成各國文字。誠然，在博士的許多著作中，可以毫不躊躇地稱本書為其代表性傑作。

本書的日文譯本，曾在明治四十一年由櫻井鷗村先生譯出。櫻井先生根據新渡戶博士的親自指教和解釋，曾寫出本書的詳細註釋，而且他的譯文據說是全部經過博士校閱，所以原著中所引用的日文、中文文章或其出處，大體上可以信賴櫻井先生。我雖盡量親自查核了這些文章，但查核不到的就轉用了櫻井先生譯書中的全部或部分註釋。其他譯詞借助於先生的也不少。

櫻井先生的譯作是非常有名的譯本。但是我之所以敢於嘗試重新翻譯本書的原因是，除了由於櫻井先生的譯本絕版已久不易找到之外，還由於更加缺乏漢文字素養的現代日本人對先生的譯文或恐難以理解，同時也不能說該譯本在內容上就毫無瑕疵。

一般認為原著的英文在文風上深受卡萊爾的影響，有時簡潔雄勁得似乎很生硬，在真摯的行文中夾雜着詼諧和嘲諷，言辭華麗等，對不習慣於此文風的人來說，這決不是一本容易閱讀的書。不過，對仔細玩味的讀者說來，卻是足以沁入內心深處的大手筆。我在翻譯的時候，曾試圖多少再現原著文章所具有的這種風格，但是究竟取得幾分成功便有待讀者判斷了。

原著中就日本固有的風俗習慣或一些事物，為外國人所加的腳註（如琵琶、鶯、掛軸、柔道、跪坐、棋盤、雨窗等），我在翻譯時省略了。反之，為便於日本讀者了解，對有關的若干事項卻在正文中作了補充。所有譯者的補充均用六角括號〔〕標出，兼作譯者的註釋。

矢內原忠雄

昭和十三年（1938 年）7 月於東京自由之丘

謹以這本小書

獻給我所敬愛的叔父太田時敏

他教導了我敬重過去並仰慕武士的德行

初版序

　　大約十年前，我受到比利時已故著名法學家德・拉維萊先生（Émile Louis Victor de Laveleye）的款待，並在他那裏盤桓了幾天。有一天在散步時，我們的話題轉到了宗教問題。"您是説在你們國家的學校裏沒有宗教教育嗎？"這位受人尊敬的教授問道。"沒有"，我這麼一回答，他馬上大吃一驚，突然停下了腳步，又問道："沒有宗教！那麼你們怎樣進行道德教育呢？"這個問題使我難以忘懷。當時他這一問倒使我楞住了。我對此沒能馬上作出回答。因為我在少年時代所學的道德訓條並不是在學校所教授的。直到我開始對形成是非觀念的各種因素進行分析之後，我才發現，正是武士道使這些觀念沁入了我的腦海。

　　我寫這本小書的直接動機，是由於妻子經常問我：這些思想和風俗為甚麼會在日本普遍流行呢？

　　我試圖給予德・拉維萊先生和妻子滿意的答案。不過，我發現，如果不了解封建制度和武士道，那麼現代日本的道德觀念畢竟仍是一個不解之謎。

　　正好由於長期臥病被迫終日無所事事，我把家庭談話中對妻子的一些回答整理出來，現在公之於眾。它的內容主要是我在少年時代，當封建制度還盛行時所受到的教誨和所聽所聞。

一方面有小泉八雲（Lafcadio Hearn）和休·費沙夫人（Mrs. Hugh Fraser），另一方面又有歐內斯特·薩道義爵士（Sir Ernest Satow）和張伯倫教授（Professor Chamberlain），我夾在他們之間，要用英文來寫一些有關日本的事，的確使人氣餒。不過，我唯一比這些大名鼎鼎的理論家優勝之處，在於他們只不過是站在律師或檢察官的立場，而我卻可以採取被告的姿態。我經常想，"如果我能有他們那樣的語言天份的話，我將會以更具雄辯的言詞來陳述日本的立場！"但是，用借來的語言來說話的人，如果能使自己所說的意思得到理解，那也就該謝天謝地了。

貫串整部著述，我試圖從歐洲的歷史和文學中，引用類似的事例來說明的論點。因為我相信這會使外國讀者更能理解這些問題。

當我談到宗教或有關傳教士的問題時，即使出現被認為具侮辱性的言詞，我也相信我對基督教本身的態度毋庸置疑。我並非針對基督的教諭本身，而只是不同情教會的做法，以及使基督的教諭變得暗淡的各種形式而已。我相信基督所教導的、並由《新約聖經》所傳留的宗教，以及銘刻於心的律法。我還相信上帝與一切民族和國民——不論是異邦人或猶太人，基督教徒或異教徒——都訂立了被稱為"舊約"的聖經。至於我對神學的其他看法，就不再贅述了。

在結束這篇序言的時候，我要感謝我的朋友安娜·哈茨霍恩（Anna C. Hartshorne）對本書所給予的許多有益建議。

新渡戶稻造

1899 年 12 月於賓夕法尼亞州莫爾文

增訂第十版序

這本小書自從六年前發行初版以來，有着一段預期不到的經歷，其結果是超乎預料的豐富多彩。

日本版已重印了九版。這一版為了提供給全世界英語國家的讀者閱讀，在紐約和倫敦同時發行。直到現在為止，本書已由印度的德夫（Dev）先生譯成馬拉地語，由漢堡的考夫曼（Kaufmann）小姐譯成德語，由芝加哥的霍拉（Hora）先生譯成波希米亞語，由倫貝格[1]的"科學與生命協會"譯成波蘭語。正在準備推出挪威語版和法語版，漢語譯本也在籌劃中。再者，《武士道》的若干章節已翻譯成匈牙利語和俄語，提供給該國讀者。在日語方面，已經刊印了幾乎可以說是註解本的詳細介紹[2]，此外，為了學習英語的學生，已由我的朋友櫻井先生編寫了詳細的學術註解。我還要感謝他在其他方面的幫助。

想到我的拙作在各地的廣泛範圍都獲得讀者喜愛，令

1　倫貝格（Lemberg），即今烏克蘭的利沃夫。── 譯者

2　這裏所説的介紹文章是指在《日本》報上連載的飽翁道人寫的《武士道評論》。該評論加上詳註，作為裘華房編《英文武士道評註》（明治三十五年），以單行本形式出版。又，櫻井先生的詳細註釋，最初刊載於其《英語學習新報》上。── 日譯者

我十分滿足。這表明本書所闡述的問題是世界普遍感興趣的事。使我感到無上榮幸的是，從官方消息來源獲悉，羅斯福總統（Theodore Roosevelt）本人曾親自閱讀本書，還分發給了他的朋友們。

在修訂這一版時，我主要只增加了一些具體例子。我遺憾未能加入"孝"這一章，使日本道德之車缺少了一個輪子，只餘下另一個輪子——"忠"。我之所以難以寫出"孝"這一章，並不是由於不知道我國國民本身對"孝"的態度，而是由於我不知道西方人對這個美德的感情，所以無法進行使自己感到滿意的比較。我想將來能對這個問題及其他有關的問題加以補充。當然，本書所涉及的所有問題，都大有進一步加以應用和討論的餘地。不過，要使本書比目前的篇幅更長一些是有困難的。

我大大感謝要妻子辛勞地閱讀原稿，提出有益的建議，特別是她不斷的鼓勵。如果忽略了這一點的話，這篇序言就顯得不完全，而且是不公平了。

新渡戶稻造

1905 年 1 月 10 日於東京小石川

站在那條

翻越這山峰小路上的人，

會懷疑這是不是一條路？

然而如果從荒野處來眺望，

從山麓到山頂它的路線分明，

毫無疑義！從綿延不斷的荒野

為甚麼會看到一兩處缺口？

如果要傳入新的哲理，

難道不正是這些缺口鍛煉了人們的眼睛，

教導他甚麼是信仰，終於知道

這是最完美的企圖嗎？

> 羅伯特·布朗：《布勞格拉姆主教的辯護詞》
>
> （Robert Browning, *Bishop Blougramlo Apology*）

應當說有三個強而有力的精靈，在一個時代到另一個時代的水面上移動，對於人類的道德感情和精神給予具壓倒性的刺激。這就是自由、宗教和榮譽的精靈。

> 哈勒姆：《中世紀的歐洲》
>
> （Hallam, *Europe in the Middle Ages*）

騎士道本身就是人生的詩。

> 施勒格爾：《歷史哲學》
>
> （Schlegel, *Philosophy of History*）

緒論

　　我對於為世界各地的英語讀者寫一些關於新渡戶博士所著《武士道》新版的介紹文章，感到很高興。由於博士允許出版社對與本文無關的事項有某種程度的行動自由，所以出版社就把序文託付給我了。我與作者相識已達十五年以上，而對於本書論述的主題，在某種程度上至少已有四十五年的關係。

　　這是 1860 年的事情。在費城（我於 1847 年在該處看到佩里艦隊司令（Commodore Perry）的旗艦薩斯克漢那號（*Susquehanna*）的下水典禮），我首次見到了日本人，遇見了從江戶來的使節們。我從這些異國人那裏獲得了強烈的印象，他們所遵循的理想和行為準則就是武士道。後來，在新澤西州新布倫威克市（New Brunswick）的羅格斯學院（Rutgers College），我與從日本來的青年共同生活了三年。我教他們課，又像同年齡的學生似地彼此相處。我們常常談到武士道，我發現這是極其饒有興趣的事物。處於這些未來的縣知事、外交官、艦隊司令、教育家以及銀行家們的生活裏，他們之中有一些長眠在威洛格羅夫墓地（Willow Grove Cemetery）者的臨終表現，都與那遠在日本最馨香的花兒的芬芳一樣，非常甘美。當少年武士日下部臨死的時候，勸他皈依獻身中最高貴的和希望中最偉大的神靈時，他回答說："縱使我理解了你們的主耶穌，我也不能只把生命的渣滓獻給祂。"這個回答我是絕對忘記不了的。我們在"舊拉雷坦河（old Raritan）堤上"，在運動比賽上，在晚餐的飯桌上，一面比較日美間的事物，一面互作有趣的戲言時，或就道德和理想彼此爭論時，我感到自己完全同意我的友人查爾斯·達德利·沃納（Charles Dudley Warner）所說的"傳教士的秘密答辯"。在某程度上，我們之間的道德和禮貌的規矩是不同的。不過，這些不同只不過是點或切線之類的差別，並不是像日食、月食那樣程度的差別。一千年前，他們本國的詩人在越過水池，衣裳碰到帶有露水的花朵，竟把露珠留在他的衣袖上時，寫道："由於它的芬芳，且不拂去衣袖上的露珠。"事實上，我欣幸自己免於成為井底之蛙。它與墓穴的不同，只不過是更深一些罷了。唯有比較，才是學術和教育的生命，不是嗎？在語言、道德、宗教、禮貌舉止的研究方面，說"僅知其一者，一無所知也"，難道不是真理嗎？

1870 年，我作為介紹美國公立學校制度的體系及其精神的教育開拓者，受到日本的招聘。離開首都，來到越前國的福井，看到了眼前正在實行的純粹封建制度，的確是一件值得高興的事。在這個地方，我看到的武士道，並非作為異國的事物，而是在其原產地看到的。茶道、柔道、切腹、在草蓆上俯伏和在街道上鞠躬行禮、佩刀和交往的禮法、一切恬靜的致意和極其鄭重的談話方式、技藝動作的規矩以及為了保護妻子、僕婢、小兒的俠義行為等等，使我了解武士道在這個城市和藩國中，形成了所有上流階層日常生活中普遍的信條和實踐。它作為一所思想和生活的活生生的學校，使少年男女受到訓練。我親眼看到新渡戶博士作為世襲事物接受下來，深深印在其腦海，並以其所把握、洞察以及廣闊的視野，優雅而強勁的文筆表達出來的東西。日本的封建制度已在其最有力的解說者和最堅信的辯護者的"視野之外消逝了"。對他說來，這是飄逝的芬香，而對於我則是"閃閃發光的樹和花"。

唯其如此，我可以作證，作為一個曾在武士道的母體——封建制度下生活過來，而且在它死亡的時候曾在現場的新渡戶博士的記述，本質上是真實的，並且博士的分析和概括是忠實的。博士揮動他那流暢的筆，把長達千年的日本文學中輝煌燦爛地反映出來的畫一般的色彩重現。武士道是經過一千年的演變而成長起來的。而本書的作者則巧妙地記述了點綴在其同胞中幾百萬名高尚人們所經歷的道路上的精華。

有關批判的研究只是加強了我自己對日本國民身上武士道的力量和價值的感受。要想了解二十世紀的日本人，必須知道它在過去的土壤中扎下的根。現在，不但外國人，就連現代日本人也看不見它了，但是，善於思索的研究者會在過去的時代所蓄積的精神之中看到今日的結果。日本從遠古的陽光創造的地層中，發掘出它今日致力於戰爭與和平的動力。一切精神上的感受，都還在武士道所涵養的人們中堅強地活着。它的結晶體在杯子中溶化了，但其甘美的香氣依然悅人心曲。用一句話來概括，武士道正是它的解釋者本身遵從信仰上帝者所宣稱的最高法則所說的："一粒麥子，不落在地裏死了，仍舊是一粒。若是落在地裏死了，就結出許多子粒來。"[1]

　　新渡戶博士是否把武士道理想化了呢？其實我們倒要問，他怎能不把它理想化呢？博士自稱是"被告"。在所有的教義、信條、體系上，隨着理想的發展，例證會改變。經過逐漸的積累，慢慢達到和諧，這就是規律。武士道決沒有到達它最後的頂點。它仍然是生機勃勃的。而當它最終死亡時，是死在美與力之中。當日本正處於"走向世界"（這是我們對佩里（Matthew Calbraith Perry）和哈里斯（Townshend Harris）以來各種急劇的影響和事件所加上的稱呼）與封建制度發生衝突的時候，武士道決不是一具塗上了防腐劑的木乃伊，它還有着活生生的靈魂。那是實實在在的人類活力的精神。此時，小國從大國那裏受到祝福。日本遵循自己的高貴先例，在不放棄本國的歷史和

---

1 《聖經・約翰福音》12:24。——譯者

文明中最美好的東西的同時，採納了世界所提供的最美好的東西，並將它同化了。這樣，日本賜福於亞洲和人類的機會是無與倫比的，而日本出色地抓住了這個機會——"隨着範圍的擴大，而日益增強了"。今天，不僅我們的庭園、藝術、家庭等，"即便是一時的娛樂也好，抑或永久的勝利也好"，都憑來自日本的花卉、繪畫以及其他美麗的事物而豐富起來，並且在自然科學、公共衛生、和平與戰爭的教訓方面，日本雙手滿捧着贈品來訪問我們。

本書著者的論述，不光是作為被告的辯護人，而且作為預言者，以及作為掌握了大量的新、舊事物的賢明持家者，擁有教育我們的力量。在日本，再沒有任何人比作者更善於把固有的武士道教訓及其實踐跟生活與活動、勞動與工作、手藝與寫作技巧、土壤的耕作與靈魂的教養相調和而結合起來了。新渡戶博士作為大日本的過去顯現者，他是新日本的真正建設者。在日本佔領下的台灣，以及在京都，博士既是學者同時又是實踐者，既精通最新的科學又精通最古的學術。

記述武士道的這本小書，不僅是對盎格魯—撒克遜國民的重要信息，而且它對本世紀的最大問題，即解決東方與西方的和諧與一致的問題，作出了顯著的貢獻。古代曾有過許多文明，但在未來更加美好的世界裏，文明可能是一個。所謂東方（Orient）和西方（Occident）這個詞語，正在跟相互之間的非理智和侮辱的所有積澱一起並成為過去。作為亞洲的智慧和集體主義與歐美的精力和個人主義之間的有效率的中間人，日本正以不屈不撓的毅力在工作着。

博古通今、具有世界文學素養的新渡戶博士，在這一點上充分顯示他是人得其位，位得其人。博士是真正的執行人和調和人。長期以來忠於主的博士，無需也沒有為自己的態度作辯解。懂得人類的歷史是由聖靈指引的途徑以及作為人類之友的至高無上者指引的學者，他不得不對一切宗教的創始者及其基本經典的教義跟民族的、合理的、教會的添加物之間加以區別，難道不是嗎？著者在其序言中所暗示的、各國國民擁有各自的《舊約》教義，基督的教義並不是為了將它們破壞掉，而是為了把它成就起來。即使在日本，基督教將解脫它的外國形式和裝潢，不再是一種舶來品，而在武士道發展起來的那塊土壤中深深扎根。解開捆綁的繩索，脫去外國的制服，基督教會將同大氣一樣化為這個國家的國風。

威廉・埃利奧特・格里菲斯（William Elliot Griffis）
1905 年 5 月於伊薩卡

第 一 章

作為道德體系的武士道

武士道，如同它的象徵櫻花一樣，是日本土地上固有的花朵。它並不是保存在我們歷史標本集裏一種古代美德的乾枯標本。它現在仍然是我們中間活生生的力與美的對象。它雖然沒有採取任何可觸摸的形態或形狀，但它卻使道德的氛圍芬芳襲人，使我們意識到：我們今天仍然處於它強大的支配之下。衍生並撫育它的社會環境已經消失很久了，但正如那些往昔存在，而現已消逝的遙遠星辰一樣，仍然在我們頭上閃閃發亮。作為封建制度之子，武士道的光輝亦如是，在其生母的制度死亡之後卻仍然存在，繼續照耀着我們的道德之路。在歐洲，當與它不相伯仲的騎士道死後而無人顧及之時，有一位伯克（Edmund Burke）[1] 在他的棺木旁發表了眾所周知的感人悼辭，我現在能以這位伯克的國語（英語）來闡述對這個問題的考察，實在由衷的感到愉快。

可惜，由於缺乏有關遠東的知識，以至博學如喬治·米勒博士（George Miller）這樣的學者，亦竟毫不躊躇地

1　埃德蒙·伯克（Edmund Burke, 1729-1797），英國政治家。——譯者

斷言 —— 騎士道或類似它的制度，無論在古代的各國國民或現代的東方人中，都未曾存在過。[2] 不過，這種無知完全可以原諒。因為這位善良博士的第三版著作，正是在佩里艦隊司令叩打日本鎖國主義大門的同一年發行的。其後經過十餘年，正當我國的封建制度處於奄奄一息的彌留之際，卡爾・馬克思 (Karl Marx) 在其所著的《資本論》中，提醒讀者關於研究封建主義社會及政治制度的特別優勢，便是當時唯獨在日本還可以看到的封建主義存在形態。我也同樣邀請西方的歷史和倫理研究者來研究現代日本的武士道。

對歐洲和日本的封建制及騎士道的歷史進行比較探討，是件饒有興味的事，但本書的目的並非詳細地深入研究這些方面。我的嘗試毋寧是要闡明：第一、我國武士道的起源及淵源；第二、它的特性及訓條；第三、它對民眾的影響；第四、它的影響的持續性和永久性。在這幾點中，對第一點僅限於一些簡單而粗略的闡述，否則我就會把讀者引入我國歷史迂迴曲折的小巷裏去了。對第二點將作略為詳細的探討。因為它會使國際倫理學和比較性格學的研究者們，對於我國國民的思想及其行動的方法感到興趣。其餘各點將作為餘論來處理。

2　喬治・米勒：《歷史哲學》(*History Philosophically Illustrated*)（1853年第三版），第 2 卷，第 2 頁。 —— 作者

　　我粗略地譯作 chivalry[3] 的這個日本詞,在原義上要比騎士道含蓄得多。武士道在字義上意味着武士在其職業上和日常生活中所必須遵守之道。用一句話來說,即 "武士的訓條",也就是隨着武士階層身份而來的義務。既然明瞭它的詞義,以後請允許我使用這個詞的原詞。使用原詞,從其他理由來說也很方便。這樣截然不同的、產生特殊的思考方法和性格型式,而且是地域性的訓條,應當有其外表特徵。因此,若干個極為明顯地表現民族特性的詞,具有其國民的語言特徵,即使是最幹練的翻譯家也很難把它的真意表達出來,有時甚至很難保證不會積極地加上不妥當、不正確的含義。有誰能夠通過翻譯完美表達出德語 "*Gemüt*" 的意思?英語的 "*gentleman*" 和法語的 "*gentilhomme*",在語言上極其接近,但有誰感覺不到這兩個詞所具有的差異呢?

　　武士道,如上所說,乃是要求武士遵守的,或指示其遵守的道德原則的規章。它並不是成文法典,充其量只是一些口傳的、或通過若干著名的武士或學者之筆留傳下來的格言,毋寧說它大多是一部不說、不寫的法典,是一部銘刻在內心深處的律法。唯其不言不文,通過實際行動,才能看到更加強而有力的功效。它既不是某一個人的頭腦(不論其如何多才多藝)創造出來的,更不是基於

3　即騎士道。—— 譯者

某一個人物的生平（不論其如何顯赫有名）的產物，而是
經過數十年、數百年的武士生活的有機發展。武士道在
道德史上所佔有的地位，恐怕和英國憲法在政治史上所
佔有的地位一樣。然而，武士道卻不能與大憲章（Magna
Carta）或者人身保障法（Habeas Corpus Act）相比較。
十七世紀初，的確制定過武家諸法度，但是武家〔諸〕法
令十三條，大都是關於婚姻、城堡、黨徒等的規定，只不
過稍稍涉及訓導的規則而已。因此，我們不能指出一個明
確的時間和地點，來說"這裏是其源泉"。不過，由於它
是在封建時代而臻於自覺的，所以在時間方面，可以認定
它的起源與封建制一樣。不過，封建制本身由許多線條交
織而成，所以武士道也承襲了錯綜複雜的性質。正如英國
的封建政制可以說發源於諾曼征服時代，所以也可以說日
本的封建主義興起於十二世紀末，和源賴朝[4]稱霸是同一
個時代。然而，就如在英國，封建制的社會諸要素可上溯
到遠在征服者威廉[5]以前的時代一樣；在日本，封建制的
萌芽也遠在上述時代以前就已經存在。

　　同樣，正如在歐洲一樣，當封建制在日本正式開始
時，專職的武士階層便自然而然地得勢了。他們被稱

4　公元十二世紀時，源賴朝在日本打敗木曾義仲和平氏，掌握中央政權，
　　建立了鎌倉幕府。—— 譯者

5　即 William I the Conqueror of England（約 1028-1087）。—— 譯者

為 "侍"(samurai)。其詞義有如古英語的 *cniht*(knecht,
knight ，騎士)，意味着衛士或隨從。其性質亦類似凱撒
在 "阿奎塔尼亞"[6] 中記述的勇士 *soldurii*；或者是塔西陀
(Tacitus) 說的跟隨着日耳曼首領的衛士 *comitati*；或者與
更後世相比的話，類似在歐洲中古史上見到的鬥士 *milites
medii*。一般還使用漢字的 "武家" 或 "武士" 這個詞來形
容。他們是特權階級，最初肯定是指那些以戰爭為職業
的、稟性粗野的人。在長期不斷的反覆戰鬥中，武士自然
而然是從最勇敢、最富冒險精神者中招募來的，隨着淘汰
過程，那些怯懦柔弱之輩都被拋棄。借用愛默生[7]的話來
說，就是只有 "富有男子氣慨、像野獸一樣有力的、粗野
的種族" 才得以生存下來，他們便形成了 "侍" 的家族和
階級。等到具有崇高榮譽和巨大特權，以及伴之而來的重
大責任時，他們很快就感到有需要建立一個共同行為準
則。尤其因為他們經常處於交戰者的地位，而且隸屬於不
同氏族，這就更加有其必要了。正如醫生靠職業上的禮法
抑制彼此之間的競爭，又如律師在破壞禮節時必須出席質
詢會一樣，武士也必須有某些準則使他們的不端行為受到
最終審判。

---

6 阿奎塔尼亞 (Aquitania)，凱撒所記述的阿奎塔尼亞，其地域超過法國
   西南部歷史上的阿奎坦地區，包括從比利牛斯山脈延伸至加龍河的大
   片區域。—— 譯者

7 愛默生 (Ralph Waldo Emerson, 1803-1882)，美國思想家。—— 譯者

在戰鬥中要堂堂正正！在野蠻人和類似兒童的原始意識中，存在着極其豐富的道德萌芽。這難道不是一切文武之德的根本嗎？我們譏笑（好像我們已經超過了抱有這種願望的年齡似的！）那個英國孩子湯姆・布朗[8]的孩子氣的願望：「但願成為一個名留後世的、既不威嚇小孩子，也不拒絕大孩子的人。」但是，誰不知道這種願望正是那規模宏偉的道德大廈所賴以建立的奠基石呢？難道我說就連最溫和的、而且最熱愛和平的宗教也支持這種願望，是過甚其詞嗎？英國的偉大，多半是建基於湯姆的願望之上的。而且我們馬上便會發現，武士道所屹立的基礎並不比它小。縱使像教友派（Quaker）教徒所證明的那樣，戰爭本身不管是進攻性的或防禦性的，都是野蠻和不正當的，但我們還可以像萊辛（Doris Lessing）一樣地説：「我們知道，缺點不論如何巨大，美德也是從它產生出來

8　托馬斯・休斯（Thomas Hughes）的小説《湯姆・布朗的學生時代》（*Tom Brown's Schooldays*）中的主人公。

的。"⁹所謂"卑劣"、"怯懦"乃是對那些健全而純真的人最惡劣的侮辱言詞。少年人就是以這種觀念開始其生命歷程的。武士也是如此。不過,隨着生活變得更廣大,其關係變得多面化,早期的信念為了使自己得到確認、滿足和發展,便要尋求更高的權威以及更合理的淵源來加以證實。如果只是實踐了戰鬥的規律,而沒有受到更高的道德支持的話,那麼,武士的理想便會墮落成遠不如武士道的東西!在歐洲,基督教不僅被認為給予了騎士道便利的特權,還賦予了它基督教的精神。拉馬丁¹⁰ 説:"宗教、戰爭和光榮,是一個完美基督教騎士的三個靈魂。"而在日本,武士道也有幾個淵源。

9　補註:拉斯金(Ruskin)是一個心地最溫和而且愛好和平的人。但是作為一個對奮鬥生活的熱情崇拜者,他卻相信戰爭的價值。他在所著《野生橄欖的皇冠》(*Crown of Wild Olive*)中説:"當我説戰爭是一切技術的基礎時,也意味着它同時是人類一切崇高的道德和能力的基礎。發現這一點,對我來説,是很奇異的也是很可怕的,但我知道這是無可否認的事實。簡言之,我發現所有偉大的民族,都是從戰爭中學到了他們語言的真理和思想的威力;他們在戰爭中獲得涵養,卻因和平而被糟蹋;通過戰爭受到教育,卻被和平所欺騙;通過戰爭受到訓練,卻被和平所背棄;一句話,他們生於戰爭,死於和平。

10　拉馬丁(Alphonse de Lamartine, 1790-1869),法國詩人。——譯者

第二章

武士道的淵源

先從佛教講起吧。佛教給予了武士道從容面對命運的冷靜意識；對不可避免的事情恬靜地服從；面臨危險和災禍像禁慾主義者那樣沉着；卑生而親死的心境。一個一流的劍術導師〔柳生但馬守〕在他把絕技全都傾囊相授予弟子時，告誡他們説："超出這以上的事，非我指導所能及，必須讓位於禪的教導。""禪"是日語對禪那（Dhyāna）的譯詞，它"意味着人類在超出靠語言來表達的範圍之外的思想領域裏，憑冥思默想來達到的努力"。[1]它的方法就是冥想。而它的目的，據我所理解，在於確認一切現象深處的原理，可能的話確認絕對本身，從而使自己與這個絕對和諧一致。如果這樣下定義的話，這個教導已超越一個宗派的教義，無論任何人作為達到洞察絕對者，便會超脱現世的事像，徹悟到一個"新的天地"。

佛教所未能給予武士道的，卻由神道充分補充。例如對主君刻骨銘心的忠誠、對祖先的尊敬以及對父母的

---

1 小泉八雲：《異國與懷舊》（*Exotics and Retrospectives*），第 84 頁。
　　——作者

孝行，是其他任何宗教所沒有教導過的，靠這些教義為武
士的傲慢性格添上服從性。神道的神學中沒有"原罪"那
樣的教義。相反地，神道相信人心本善，如同神一樣是純
潔的，把它崇敬為宣示神諭的最神聖的密室。每個參拜
過神社的人都可以看到，那裏供禮拜的對象和道具很少，
一面掛在內堂的素鏡構成其設備的主要部分。這面鏡子
的存在很容易解釋。它表示人的心，當心完全平靜而且澄
澈的時候，就反映出神的崇高形象。因此，如果人站在神
前禮拜的時候，就可以在發光的鏡面上看到自己的映像。
而其禮拜的行為，就和古老的德爾斐（Delphic）神諭所説
的"知汝本身"同一歸宿。不過所謂自我意識，無論是希
臘的教諭也好，日本的教諭也好，並非意味着認識有關人
的肉體部分，即解剖學或精神物理學的知識。這個應是指
道德的認識，指人的道德品質的內省。根據蒙森（Theodor
Mommsen）比較希臘人和羅馬人所作的評論，希臘人在
禮拜時抬眼望天，而羅馬人則是以物蒙頭，前者的祈禱是
凝視，後者的祈禱則是反省。我國國民的內省，本質上和
羅馬人的宗教觀念相同，比起個人的道德意識，毋寧説民
族的意識更為顯著。神道的自然崇拜，使國土接近我們內
心深處的靈魂，而它的祖先崇拜，則從一個系譜追溯到另
一個系譜，使皇室成為全體國民的共同遠祖。對我們來
説，國土並不僅僅意味着可以開採金礦或收穫穀物的土
地 —— 它是諸神，即我們的祖先之靈的神聖住所。再者，

對我們來説，天皇不是法治國家的警察首長，或者文化國家的保護人，他是上帝在地上的肉身代表，在他那尊貴的身上，同時具備上帝的權力和仁愛。如果説鮑特密先生就英國皇室所説，"他不僅是權威的形象，而且是民族統一的創造者和象徵" [2] 是正確的話（而我相信這是正確的），那麼這種説法，就日本皇室而言，更應該兩倍、三倍地加以強調。

神道的教義包含了可以稱為我們民族的感情生活中，兩個壓倒一切的特點——愛國心和忠義。阿瑟・梅・克納普（Arthur May Knapp）説："在希伯來文學中，往往很難區分説的是神的事情，還是國家的事情；是説天上的事情，還是説耶路撒冷的事情；是説救世主，還是説國民自己。" [3] 的確是這樣。同樣的混淆，也可以在我們民族的信仰〔神道〕的語彙中看到。的確，由於用詞曖昧，具有邏輯頭腦的人們會認為是混淆，但它是一個包容了國民的本能、民族的感情的框架，因而從不裝成合理的神學或有體系的哲學。這個宗教——或者説，由這個宗教所表現的民族感情，是否會更確切一些？——徹頭徹尾地給武士道灌輸了忠君愛國精神。這些與其説是教條，莫如説是

2　鮑特密（Émile Boutmy）：《英國人》（*The English People*），第 188 頁。——作者

3　阿瑟・梅・克納普（Arthur May Knapp）：《封建和現代的日本》（*Feudal and Modern Japan*），第 1 卷，第 183 頁。——作者

推動力。因為神道與中世紀的基督教會不同，它對教徒們幾乎不規定任何信仰條款，而是提供了直截了當形式的行為準則。

　　至於說到嚴格意義上的道德教義，孔子的教誨就是武士道最豐富的理論或精神來源。早在經書從中國輸入以前，我們民族已經本能地意識到君臣、父子、夫婦、長幼以及朋友之間的五倫之道，孔子的教誨只不過是把它們確認下來罷了。有關政治道德方面，他的教誨以冷靜、仁慈，並富於處世的智慧為特點，特別適合作為統治階級的武士。孔子的貴族式的、保守的言論思想極其符合武士政治家的要求。繼孔子之後的孟子，也對武士道帶來了巨大的影響。他的理論不僅有說服力，而且平易近人，對於具有同情心的人很有吸引力。它甚至被認為是對現存社會秩序有危險和顛覆作用的，他的著作因而曾經長時期被列為禁書。儘管如此，這位賢人的言論卻永遠寓於武士的心中。

　　孔孟的書是青少年的主要教科書，是成年人之間討論問題的最高權威。不過，只是了解這些聖賢的古籍，還不會受到崇高的尊敬。有一個諺語譏笑那些僅僅在理論知識上懂得孔子的人是“讀了論語而不知論語”。一位典型的武士〔西鄉南洲〕稱文學知識淵博者為書蠹。另一個人〔三浦梅園〕把學問比喻為臭菜，他說：“學問有如臭菜，如果不認真的去掉異味，就難以致用。少讀一點書，就少一點學者的異味，而多讀些書，學者的異味就更多，真不好辦。"這樣說的意思是，知識只有在學習它的人的心裏同化了，並在他的品質上表現出來的時候，才能成為真正的知識。一個有知識的專家被認為是一部機器。而知識這種東西被認為是從屬道德情操的。人和宇宙同樣被認為有靈性，而且有道德。故赫胥黎（Thomas Huxley）關於宇宙的運行是沒有道德性的論斷，是不能為武士道所承認的。

武士道輕視上述那樣的知識，認為知識本身不應該作為目的去探求，它應該作為獲得睿智的一種手段去探求。因此，那些沒有達到這個目的的人，便被看作只是一架能夠遵照要求吟出詩歌、名句的方便機器。所以，知識被認為要與生活中的實踐躬行相一致，而這個蘇格拉底（Socrates）的教誨，亦在中國哲學家王陽明那裏找到最完美的解說。王陽明孜孜不倦地一再重複：知行合一。

在談到這個問題時，請允許我暫且離開主題。在一些最高尚的武士當中，不少人深受這位哲人的教導的影響。西方讀者很容易發現王陽明的著作與《新約聖經》有許多類似之處。只要允許特殊用詞上的差別的話，那麼像"你們先要去尋求上帝的王國和上帝的正義，如果那樣的話，所有這一切東西都會歸於你們"的說法，在王陽明的書上俯拾即是。他的一位日本弟子（三輪執齋）說道："天地萬物之主宰，寓於人則為心。故心為活物，永放光

輝。"又説:"其本體之靈明,永放光輝,其靈明不涉及
人意,自然發現,照明善惡,謂之良知,乃天神之光明
也。"這些話聽起來,難道不是跟艾薩克‧柏寧頓(Issac
Pennington)或其他神秘主義哲學家的一些文章很相像
嗎?看來像在神道的簡單教義中表現出來的日本人心態,
似乎特別易於接受陽明學説。他把他那個良知無謬説推
進到極端的超自然主義上,賦予良知以不僅能辨別正邪善
惡,而且能認識各種心理事實和各種物理現象的性質的
能力。他在貫徹理想主義方面,並不遜於貝克萊(George
Berkeley)和費希特(Johann Gottlieb Fichte),甚至達到了
否認人智以外的物象存在。他的學説雖然包含了唯我論
的所有邏輯謬誤,但它有很強烈的説服力,而且它在發展
獨立個性以及平和的性情方面,擁有不容否定的重要性。

　　再説,不論其淵源何來,武士道吸收並同化於自身的
基本原理,是少量且單純的。雖然如此,但是,即便在我
國歷史上最不穩定時代中、最不安全的日子裏,它卻足以
提供一道安全的處世良方。我們的武士祖先,以其健全
的和純樸的性格,從古代思想的大路和小路上搜集的平
凡而片斷的穗束中,引出他們精神上的豐富食糧,並且在
時代要求的刺激下,從這些穗束中創造新的、無與倫比
的男子漢之道。一位敏鋭的法國學者德‧拉‧馬澤理埃
爾先生(Marquis de La Mazelière)概括了他對十六世紀的
日本印象:"到了十六世紀中葉,日本的政治、社會、宗

教，全都處在混亂之中。但是，由於內亂，人們的生活方式像返回野蠻時代，各人必需維護各自的公義——繼而出現了有如丹納（Hippolyte Taine）所稱讚的，具有'勇敢的獨創力、迅速作出決定和拼死去着手的習慣、實踐和耐苦的偉大能力'的人，猶如十六世紀的意大利人一般。在日本如同在意大利一樣，中世紀粗野的生活風俗習慣，使人變成了'徹頭徹尾好戰的、抵抗的'高等動物。這就是日本民族的主要特徵，即他們在精神上和氣質上顯著的複雜性，在 16 世紀最大限度地表現出來的原因。在印度及中國，人們之間的差別主要在於能力和知識程度上，反之，在日本除了這些之外，還有性格獨創性之上的差別。今天，個性是優秀民族和發達文明的象徵。如果我們借用一下尼采（Friedrich Nietzsche）所喜愛的表達方式的話，那就可以說，在亞洲大陸，說到那裏的人就會談到那裏的平原，而在日本和歐洲，卻特別是以山嶽來作為人的代表。"

　　而作為德‧拉‧馬澤里埃爾先生的評論對象的人們〔日本民族〕，我們就先從正直或"義"開始着筆討論他們的一般特點吧。

第三章

義

　　義，是武士準則中最嚴格的教誨。再也沒有比卑劣
舉動和狡詐行為更為武士所厭忌的了。義的觀念也許是
錯誤的 —— 也許是太狹隘了。一位著名的武士 (林子平)[1]
為義所下的定義是決斷力，他説："義是勇的對手，是決
斷的心。就是憑道理下決心而毫不猶豫的意志。應該死
的場合就死，應該攻討的場合就攻討。"另一位〔真木和
泉〕[2]則論述如下："節義猶如人體之有骨骼，沒有骨骼，
頭就不能端正地處於上面。手也不能動，足也不能立。
因此，一個人即使有才能、有學問，沒有節義就不能立身
於世。有了節義，即使粗魯、不周到，作為武士也就足夠
了。"孟子説："仁，人心也；義，人路也。"並慨嘆道："舍
其路而弗由，放其心而不知求，哀哉！人有雞犬放，則知
求之；有放心而不知求。"[3]

　　難道我們在這裏，不是"如同在一面鏡子中朦朧地看

1　林子平（1738-1793），日本海防思想家。—— 譯者
2　真木和泉（1813-1864），即真木保臣。—— 譯者
3　《孟子・告子上》。—— 譯者

到了"，那位出現在他之後三百年，和在另一國度裏的偉大導師（基督）所說的 —— "我是正義之路，通過正義之路能夠找到所失去的"嗎？我說得離題了，總之，照孟子看來，義是一條人們要重新找到失樂園所應走的路，這條路筆直而又狹窄。

在封建時代末期，由於長期持續的昇平，武士階級的生活多了餘暇時間，隨之產生了對各式各樣娛樂和技藝的愛好。但是，就是在這樣的時代，"義士"這個詞語被認為勝於任何意味着擅長學問或藝術的稱呼。在我國國民的大眾教育中經常引用的四十七名忠臣，在民間就以四十七義士而著稱 [4]。

在一個流行着動輒以陰謀詭計為戰術，以弄虛作假為戰略的時代，這種率真而正直的男子漢美德，是閃耀着最大的光輝的一塊鑽石，受到人們最高讚譽。義和勇是一對孿生兄弟，同屬武德，但在論述勇以前，我暫且說一說"義理"吧。義理可以看作是義的派生詞，最初只不過稍微偏離它的原型，但逐漸產生距離，終於它作為世俗用詞背離了原來的意義。所謂"義理"，從字面上說意味着"正義的道理"，但隨着時間的推移，竟意味着一種社會輿

4　赤穗四十七義士：指 1703 年 1 月 30 日（元祿 15 年 12 月 14 日），襲擊江戶本所松阪町吉良義央居宅，為主君淺野長矩報仇的四十七名武士。歌舞伎《忠臣藏》就是敍述這些義士的故事。—— 譯者

論期待去履行的含混義務感。在它原來的純粹意義上，"義理"意味着單純而明瞭的義務——因此，指的是我們對雙親、對長輩、對晚輩、對一般社會等所負有的義理。在這些場合，義理就是義務。因為所謂義務，是"正義的道理"要求和命令我們做某事，除此以外，並非任何別的東西，不是嗎？難道"正義的道理"不應是對我們的絕對命令嗎？

　　義理的原來意義不外乎義務，我敢説義理的語源來自這個事實。即我們的行為，例如對雙親的行為，雖然唯一動機應該説是愛，但在缺少愛的情況下，就必須有某種其他權威來命令人們履行孝道。於是人們就用義理來構成這個權威。他們形成義理的權威極其正當。因為如果愛再也不能強烈地去推動德行的時候，人們就不得不求助於理智了——即必須教人憑理性、正確地行動起來的必要。就其他的道德義務，也可以説是同樣道理。當一感到義務是沉重負擔時，義理便馬上介入進來，以防止我們逃避義務。這樣來理解義理的話，它就是個嚴厲的監督者，手裏拿着鞭子鞭策怠惰者，以使其恪盡本分。義理在道德上是第二位的力量，作為動機來説，遠遠不及基督教中愛的教導。愛乃是"律法"。照我看來，義理是人工社會的產物。在這個社會中，人們出生的偶然性和不憑實力的偏袒，造成了階級差別。家庭是這個社會的基本單位，年長者要比才能優異的人更受到尊重，而自然的情感則經常屈服於人們恣意訂立的規範之下。正是由於這種人為性，所以義理隨着時間漸漸產生出一種模糊的禮節意識，用以解釋或容許這些事發生 —— 例如，為甚麼母親為了救助長子，在必要時必須犧牲她其他的兒子；為甚麼女兒為了獲取供她父親放蕩的費用，就必須出賣貞操，等等。照我看來，義理明明是從作為"正義的道理"出發的，但卻每每屈服於決疑論。它甚至令人墮落到害怕責難。我認為史葛（Sir Walter Scott）就愛國心所寫的話可以用來解釋義理："它是最美的事物，同時也每每是最可疑的事物，是其他感情的假面具"。義理若被用得過猶或不及"正義的道理"時，它就會產生各種各樣的詭辯和偽善。如果武士道沒有敏銳而正確的勇氣感、敢作敢為、堅忍不拔的精神，那麼義理便很容易變成怯懦者的安樂窩。

第四章

勇 —— 敢作敢為、堅忍不拔的精神

　　勇氣，除非是見義而為，否則在道德上就幾乎沒有價值了。孔子在《論語》中按照其慣用的論證方法，從消極方面給"勇"下定義說："見義不為，無勇也。"[1] 把這句格言換成積極的說法則是："勇就是去做正義的事情"。甘冒各種各樣的危險，豁出生命，衝向鬼門關 —— 這些經常被等同為英勇，而以手持武器的人卻輕率莽動（莎士比亞稱之為"勇氣的私生子（valor misbegot）"）卻受到不恰當的喝彩。不過，在武士道看來卻並非這樣，為了不值得去死的事而死，會被稱為"犬死"，受人鄙視。柏拉圖給勇氣下了這個定義："能夠辨別應當害怕的事物和不應害怕的事物"，水戶的義公[2] 根本沒聽說過柏拉圖的名字，卻說："在疆場上陣亡非常容易，任何下賤的鄙夫也能做到。但是只有該活時活，該死時死，才能說是真勇。"西方在道德勇氣與肉體勇氣之間所作的區別，我國國民很久以前便已承認了。哪有武士在少年時沒聽說過"大勇"和

1　《論語・為政》。——譯者
2　義公，即德川光國（1620-1700）。——譯者

"匹夫之勇"的呢？

　　諸如剛毅、不屈不撓、大膽、鎮定自若、勇氣等品質，最容易打動少年人的心，而且更是通過實踐和示範便可以得到訓練的東西，在少年時從小就受到鼓勵，可以說是最受人歡迎的品德。幼兒在還沒有離開母親懷抱時，就已經反覆聽到戰爭故事。如果因某種疼痛而哭泣的話，母親就會責罵孩子，激勵他說，"為了一點疼痛就哭該是多麼懦怯呀！在戰場上你的手腕被砍斷了該怎麼辦呢？當受命切腹時該怎麼辦呢？"人們全都知道歌舞伎《仙台萩》中，千松天真而忍耐的動人故事："見到叼着食物飛來籠邊的母鳥，小鳥張開小嘴兒嗷嗷待哺的情景，他羨慕小鳥的幼稚心靈，也知武士的兒子忍飢捱餓卻是忠義。"關於堅忍和勇敢的故事，在童話中多的是。但是，向少年人鼓吹英勇無畏精神的方法，決不是這些故事所能囊括的。父母有時還採用看來似乎殘酷的嚴厲辦法磨練孩子的膽量。他們說："獅子就是把牠的崽子拋下千仞的深谷。"武士也把兒子投入艱苦險峻的深谷裏，驅使他們去做西西弗斯[3]的苦役。有時還不給予食物或讓其暴露於寒冷中，認為這是使他們習於忍耐的、極為有效的考驗。像是命令幼小的兒童到完全陌生的人那裏，或者在嚴寒的冬季日出前起牀，或早飯前赤足走到教師家中參加朗誦練習。再

3　希臘神話中的人物。

者，每月一兩次在天滿宮[4]等節日時，幾個少年人聚集起來通宵輪流高聲朗誦。或到刑場、墓地、凶宅等各種令人毛骨悚然的地方去，乃是少年人們喜歡玩的遊戲。在執行斬刑時，不僅派少年人們去看那可怕的情景，更命令他們在黑夜單身探訪那個地方，在砍下的頭上留下印記然後回來。

　　這種超斯巴達式的"鍛煉膽量"方法，會使現代教育家吃驚而產生戰慄和疑問——這樣的方法，是否一種把人心中的柔情扼殺在蓓蕾之中的野蠻方法呢？讓我們考察武士道關於勇氣所抱持的其他觀念。

　　勇氣寓於人的靈魂姿態，表現為平靜，即內心的沉着。平靜是處於靜止狀態的勇氣。敢作敢為是勇氣的動態表現，而平靜則是它的靜態表現。真正勇敢的人經常是沉着的，他決不會被驚愕所影響，沒有任何事物能擾亂他的精神平靜。在激烈戰鬥中，他依然冷靜自若；在大變革中他也保持着內心平靜。地震不能撼動他，他對暴風雨也報以一笑。對於面對危險或死亡威脅也仍然沉着的人，例如在大難臨頭時吟誦詩句，或在面臨死亡時吟唱和歌的人，我們對他們的偉大深表讚嘆。他們的筆跡或聲音從容不迫，與平時毫無兩樣，就是其心胸寬廣所毋庸置疑的證據——我們稱之為"綽綽有餘"。這個心胸毫無顧慮及雜

4　天滿宮，供奉菅原道真（845-903）的廟。——譯者

念，還有餘地容納更多的東西。

　　據可靠史實所傳，當江戶城的創建者太田道灌被長矛刺中時。那個知道他愛好詩歌的刺客在刺傷他的同時，吟唱了以下的上句：

　　唯有這時應珍惜生命；

　　聽到這句詩而將要嚥氣的英雄，對他脅側所受的致命傷毫不畏懼，並接上了下句：

　　除非早就把生命置於度外。

　　勇氣中甚至還有戲謔的因素。對一般人說來是嚴重的事件，對勇士說來不過是遊戲。因此，在古時的戰爭中，交戰雙方互相交換戲言，先進行和歌比賽，決不是稀奇事。交戰不僅是蠻力的鬥爭，同時也是智慧的競賽。

　　十一世紀末衣川的戰鬥就屬這種性質。東國的軍隊戰敗了，它的指揮官安倍貞任落荒而逃。追趕他的大將源義家在逼近他時高聲喊道：“你竟是個背向敵人逃跑的醜惡東西，轉過身子來！”看到貞任勒住了馬，義家便大聲吟道：

　　戰袍經線已綻開，

　　他的話音剛落，敗軍之將便從容地補上了下句：

　　經年線亂奈我何。

　　義家頓時把引滿的弓放鬆，轉身走開，任憑掌中之敵逃之夭夭。有人覺得奇怪，問他放走敵人的原因，他回答自己不忍心侮辱一位在受到敵人猛追時仍不失內心平靜的剛強之人。

　　當布魯圖（Marcus Junius Brutus the Younger）臨死時，安東尼（Marc Antony）和屋大維（Gaius Octavius）所感到的悲哀，是勇士共同的體驗。上杉謙信跟武田信玄打了十四年仗，當他聽到信玄的死訊時，便為失去了"最好的敵人"而放聲痛哭。謙信對信玄的態度，始終顯示出一個高尚的範例。信玄的領地是距離大海很遠的山國，要仰賴東海道的北條氏來供應食鹽。北條氏雖然沒有跟信玄公開交戰，卻用禁止這種必需品的貿易來達到削弱他的目的。謙信聽到信玄的狼狽處境，便寄信說，聞北條氏以鹽困公，此實極卑劣之行為，我與公爭，蓋以弓箭，非以米鹽。今後請自我國取鹽，多寡唯命是從。這比起卡米勒斯（Camillus）所說："羅馬人不以黃金作戰，卻以鐵作戰"，就有過之而無不及了。尼采說："以你的敵人而自豪，果爾，敵人的成功，也就是你的成功"，正正道出了武士的心情。的確，勇氣與榮譽相等，它要求只選平時值得與之交朋友的人作為戰時的敵人。當勇氣達到這樣的高度時，它就近乎"仁"了。

第五章

仁 —— 惻隱之心

　　愛、寬容、愛情、同情、憐憫，自古以來就被當作最高的美德，即被認為是人的精神屬性中最高尚的東西。仁在兩重意義上被認為是崇高的美德。其中，乃作為一種高尚精神的多種特質中最為高貴的；其二乃作為特別適合於王者的高貴品德。我們不需要莎士比亞來感受仁德的高尚，但也許對於其他地方的人來說，我們需要他的言詞以便於解釋 —— 仁慈（仁德）比王冠更適合於統治者，亦比王權更利於統治。孔子也好，孟子也好，他們都反覆說過，為人君的最高必要條件就在於仁。孔子說："君子慎德為先，有德此有人，有人此有土，有土此有財，有財此有用。德者本也，利者末也。"〔《大學》〕又說："上好仁而下不好義者，未之有也。"孟子祖述此話說："不仁而得國者，有之矣；不仁而得天下者，未之有也。"[1] 又說："天下不心服而王者，未之有也。"[2] 孔、孟同樣把這個為王者所不可或缺的條件定義為："仁者人也。"〔《中庸》〕

1　《孟子·盡心下》。 —— 譯者
2　《孟子·離婁下》。 —— 譯者

在易於墮落為黷武主義的封建制下，能把我們從最壞的專
制統治中拯救出來的，便是仁。在被統治者徹底放棄生命
的時候，唯一剩下給統治者的就只有自我的意志了，其自
然的結果就是發展出極權主義。它經常被稱為"東方的專
制"，就好像西方歷史上未曾有過一個專制者似的！

　　我決不支持任何一類的專制政治。但是，把專制政治
和封建制等同看待是錯誤的。法律學家們認為，腓特烈大
帝（Frederick the Great）所說的"國王是國家的第一公僕"
一話，為自由的發展迎來了一個新時代，這是正確的。令
人不可思議的是，正在同一時期，位於日本東北偏僻地方
米澤的上杉鷹山也作出了恰恰一樣的聲明 ——〔"君乃國
家人民所立，而非為君而立國家人民"〕—— 表明封建制
並非暴虐壓迫。封建君主雖不認為他與臣民互有義務，
但對自己的祖先和上蒼卻有高度的責任感。君主都認為，
他是民之父，上天委託他來保護子民。中國的古典《詩經》
中說："殷之未喪師，克配上帝。"[3] 還有，孔子在《大學》
中教導說："民之所好好之，民之所惡惡之，此之謂民之
父母。"這樣，民眾輿論同君主意志，或者民主主義同極
權主義就融合起來了。正是這樣，武士道也接受並堅信與
通常賦予給這個詞以不同意義的父權政治。它也就是跟

3　《詩經‧大雅‧文王之什》。—— 譯者

關心稍微疏遠的叔父政治（即山姆大叔政治！[4]）相對而言的生父政治。專制政治和父權政治的區別在於：在專制政治下，人民只是勉強服從；反之，在父權政治下，人民則是"帶着自豪的歸順，保持着尊嚴的順從，在隸服中也滿心懷着高度自由的精神服從"。[5]古代諺語說，英國國王"是惡鬼之王，為甚麼呢，是因為其臣下一再對君主進行叛逆和篡位"，法國國王"是驢子之王[6]，為甚麼呢，是因為她徵收沒完沒了的租賦捐稅"，"而給予西班牙王為人民的王的稱號，為甚麼呢，是因為人民樂於服從他。"這些說法並不能說完全錯誤。好了，就說這些！

在盎格魯——撒克遜人的心目中，德行和絕對權力聽起來或許是不可調和的詞語。波別多諾斯采夫[7]曾對英國和其他歐洲國家的社會基礎作了明確的對比，認為大陸各國的社會是在共同利害基礎上組織起來的；反之，英國社會的特點在於高度發展的獨立人格。這位俄國政治家說，歐洲大陸各國，特別是斯拉夫族的各國國民之中，個人人格依存於某種社會的聯盟，歸根結底依存於國家，這一點

4　Uncle Sam's Government，指美國政治。——譯者

5　埃德蒙·伯克（Edmund Burke）:《法國革命史》(*French Revolution*)。——作者

6　驢子的複數（asses）與課稅（assess），在英語的發音上相近。——譯者

7　波別多諾斯采夫（Pobyedonostseff, 1827-1907），俄國政治、法律家。——譯者

對日本人來説尤為正確。因此，我國國民對於君主權力的自由行使，不但不像歐洲那樣感到重壓，而且國民認為，君主如父母關懷孩子般體恤人民，所以君權的壓力一般得到了緩和。俾斯麥（Otto von Bismarck）説："極權政治的首要條件是統治者具有正直、無私的強烈義務感，精力充沛和內心謙遜。"關於這個問題，如果允許我再引用一段文字的話，我會舉出德國皇帝在科布倫茨的一段演説。他説："王位是上帝的恩賜，並且伴隨着對上帝沉重的義務和巨大的責任，任何人、任何大臣、任何議會都不能為國王免除。"

仁是像母親一樣溫和的德行。如果認為耿直的道義和嚴厲的正義是男性特有的話，那麼，仁愛卻是女性特有的溫柔和具説服力的特質。別人告誡我們不要沉緬於無區別的溺愛之中，應該加上正義和道義作為調劑。人們就經常引用伊達政宗 [8] 那一語道破的格言："過於義則固，過於仁則懦"。

幸好，仁愛並不如其美善般那麼稀有，因為"剛毅的人最溫柔，仁愛的人最勇敢"是一個普遍真理。所謂"武士之情"這句話，便是立即會打動我國國民的高尚情操。並不是説武士的仁愛有別於他人的仁愛，而是因為，就武士而言，仁愛並非出自盲目的衝動，而是出自正義的考

8　伊達政宗（1567-1636），仙台藩主。——譯者

慮；而且仁愛並不僅僅是某種心理狀態，更擁有生殺予
奪之權。正如經濟學家所説的有效需求與無效需求那樣，
我們可以稱武士的愛為"有效的愛"，因為它包含着給予
對手利益或損害的實行力量。

武士以他所擁有的武力並把它付諸實踐的特權而感
到自豪，但同時卻毫無保留地認同孟子所説的仁的力量。
孟子説："仁之勝不仁也，猶水之勝火。今之為仁者，猶
以一杯水救一車薪之火也。"[9] 又説："惻隱之心，仁之端
也。"[10] 遠早於那位以同情心作為其道德哲學的基礎的亞
當·斯密（Adam Smith），孟子已經這樣説了。

一個國家關於武士榮譽的訓條，竟然如此緊密地與別
國有關訓條相一致，實在令人驚異。換句話説，在那備受
許多批評的東方道德觀念中，卻可以發現與歐洲文學中最
高尚的格言若合符節的東西。如果把這個著名的詩句：

"敗者安之，驕者挫之，
建立和平之道 —— 斯乃汝職。"

給一位日本有識之士看，他也許會馬上責備這位曼
圖亞（Mantuan）的詩人〔維吉爾〕剽竊他本國的文學。對

---

9 《孟子·告子上》。—— 譯者
10《孟子·公孫醜上》。—— 譯者

於弱者、劣者、敗者的仁，被讚賞為特別適用於武士的德行。愛好日本美術的人，大概知道那幅有一個和尚面向背後騎牛的畫吧，那個和尚就曾經是武士，在他聲名鼎盛時，他是一位人們一聽其名就感到害怕的猛士。須磨浦的激戰[11]（公元 1184 年）是我國歷史上最有決定意義的戰役之一，當時他追趕着一個敵人，以其巨腕將他扭倒。在這種情況下，根據當時作戰的規矩，除非弱方是身份高的人，或者弱方在力量上不次於強方，否則就不應該流血。因此這位勇猛的武士想知道被自己按倒的人的名字，但對方拒絕透露名字，當武士拉開其頭盔一看，竟露出了一張沒有鬍鬚的少年人美麗面孔，武士會驚愕地鬆開手，扶他起來，以慈父般的語氣對少年人說：“你走吧”，“你這位美麗的年輕公子，逃到你母親那兒去吧，熊谷[12]的刀不會染上你的血，在被敵人查問之前趕快遠走高飛吧！”年輕的武士會拒絕走開，為了雙方的名譽請求熊谷當場砍下他的頭。老練的熊谷舉着刀，那是一把在他花白頭髮上閃閃發光的白刃，也是一把以前曾奪去許多人生命的白刃。但是，他勇猛的心碎了，他的眼簾閃過他兒子今天初次上陣隨着號角衝鋒前進的身影，這位武士強勁的手顫抖了。

---

11 指源氏和平氏爭奪天下的戰役。——譯者

12 熊谷直實（1141-1208），日本鎌倉初期的武將，出家後法號蓮生。
　　——譯者

熊谷再次請求少年趕快逃命，少年卻不聽，正在這時熊谷
聽到自己一方的兵士的腳步聲逼近，他大叫道："現在逃
也來不及了，與其死在無名之輩的手裏，莫如我親手結束
你的性命，以後再祈你冥福吧。一念彌陀佛，即滅無量
罪！"就在這瞬間，大刀在空中一閃，當它落下時，刀刃
便被青年武士的鮮血染紅了。戰爭結束後，熊谷凱旋，但
他已不再想念功勳榮譽，拋棄了戎馬生涯，剃了頭穿上僧
衣，捧誦西方的彌陀淨土，發誓不再把後背朝向西方，將
其餘生託付給神聖的游方。

　　評論家或許會指摘這個故事的紕漏。在細枝末節上
也許可以挑剔，不過，無論如何，這個故事表現出來的把
武士最殘酷的武功，用溫柔、憐憫和仁愛來加以美化的特
點，卻是不會變的。古老格言説："窮鳥入懷時，獵夫亦
不殺。"這大概可以説明，為何特別被認為是由基督教推
行的紅十字運動，能在我國國民中輕易地站穩腳跟。在我
們聽到日內瓦條約〔國際紅十字會條約〕之前幾十年，通
過我國最偉大的小説家馬琴[13]的手筆，我們已對負傷者施
以醫療照顧的故事相當熟悉了。在以尚武精神及其教育
而著稱的薩摩藩，青年人喜愛音樂蔚然成風。所謂音樂，
並不是指那種刺激的、去仿效猛虎行動的、作為"血與死
的喧囂前奏"的吹號和擂鼓，而是彈奏出憂傷而柔和的琵

13　即瀧澤馬琴（1767-1848），江戶後期小説家。——譯者

琶，以緩和猛勇的心情，使思想馳騁於血雨腥風之外。
如果按照波里比阿 (Polybius) 的説法，在阿卡迪亞憲法
(Constitution of Arcadia) 中，凡三十歲以下的青年人都要
接受音樂教育。因為通過這種柔和的藝術，可以緩和因風
土荒涼而導致的剽悍性格。他把在阿卡迪亞山區找不到
殘忍成性的人，歸因於音樂的影響。

　　在日本，武士階級之中培養溫文爾雅之風的，並非只
有薩摩藩而已。白河樂翁 [14] 在其隨筆中記下了他的浮想：
"侵枕勿咎之花香、遠寺鐘聲、涼夜蟲鳴，皆幽趣也。"
又説："落花之風、蔽月之雲、攘爭之人，凡此三者，雖
憎可宥。"

　　為了使這些優美的情感表現於外，也毋寧説是為了涵
養於內，在武士之間亦鼓勵創作詩歌。因此，在我國的詩
歌中有着一股悲壯而優雅的強勁潛流。某一鄉村武士〔大
鷲文吾〕的軼事，是人所共知的佳話。他被勸導寫作俳
句，第一個試作題是 "鶯聲" [15]，他的粗暴情緒發作，便拋
出了以下拙劣的作品：

　　武士背過耳朵，

　　不聽黃鶯初春鳴。

14　白河樂翁，即松平定信（1758-1829），江戶後期的高級官員。 —— 譯者
15　黃鶯，有時被稱為日本的夜鶯。 —— 作者

他的老師〔大星由良之助〕對這種粗野的情感並不覺得詫異,還是鼓勵他。於是有一天,他內心的音樂感甦醒了,隨着黃鶯的美妙聲音,吟出了如下的名句:

武士佇立,
在傾聽鶯兒歌唱。

克爾納 [16] 在戰場上負傷倒下時,哼出了他那著名的《向生命告別》(*Farewell to Life*)。我們讚嘆並欽羨他那短暫一生中的英雄行為,不過,類似的情況在我國的戰爭中決不罕見。我國簡潔而遒勁的詩體,特別適合表達觸景生情時的瞬間感情。多少有點教養的人,都能寫作和歌、俳句。在戰場上奔馳的武士勒住戰馬,經常會從他腰間的箭筒中取出小硯盒來寫詩,而當武士在戰場喪命之後,在其頭盔或胸甲內部找到他吟詠的詩稿,乃是常見的事。

對於在恐怖戰鬥中喚起同情的這種行為,在歐洲是由基督教來進行的。在日本,則是由對音樂和文學的愛好來完成。涵養溫文爾雅的感情,產生對他人痛苦的同情心。而由於尊重他人的感情而產生的謙讓和殷勤的心態,則構成禮的根本。

---

16 Theodor Körner(1791-1813),德國詩人、劇作家。──譯者

第六章

禮

　　每位外國遊客都注意到，殷勤而溫文儒雅是日本人的
顯著特點。如果禮貌只不過是害怕有損良好的風度時，那
就是微不足道的德行了。與此相反，真正的禮貌應是對他
人情感的同情與關懷的外在表現。它還意味着對正當事
物的相應尊重，從而也就意味着對社會地位的相應尊重，
因為社會地位所表現的並不是甚麼金錢權勢的差別，而本
是基於實際價值上的差別。

　　禮的最高形態，幾乎接近於仁愛。我們可以虔敬的
心情說："禮是寬容而慈悲，禮不妒忌，禮不誇耀，不
驕，不行非禮，不求己利，不憤，不念人惡。"迪安教授
（Professor Dean）在列舉人性的六大要素時，給予禮以崇
高的地位，把它作為社交中最成熟的果實，便不足為怪
了。

　　我雖這樣推崇禮，但決不是把它排在各種德行的首
位。如果分析禮的話，就會發現它與其他處於更高位置
的德行之間的相互關聯。有甚麼德行能夠孤立地存在呢？
禮被稱頌為武人特殊的德行，對它表示超過它所值的高
度尊崇——或者毋寧說是由於表示這種過度尊崇的緣故

—— 就出現了冒充它的牌色。孔子也曾經反覆教誨說，正如聲音並不是音樂一樣，虛禮也並不是禮。

當把禮列為社交不可缺少的必要條件時，為了給青少年灌輸正確的社交態度，結果制定出一套仔細的禮儀體系也是理所當然。例如在跟別人打招呼時應如何鞠躬，應如何走路和坐下，這些都是重點教導和學習的。而餐桌禮儀亦發展成為一門學問，奉茶和喝茶亦被提升成為一種儀式。當然，一個有教養的人被認為理應精通這一切禮節。維布倫先生（Thorstein Veblen）在他那饒富趣味的著作 [1] 中就說，禮儀乃是 "有閒階級生活的產物和象徵"，的確是很確切的描述。

我常常聽到歐洲人對我國國民的周密禮法嘖有煩言的批評。他們批評說禮節過份佔去了我們的思考餘地，而且太嚴格地遵守禮法未免太可笑了。我承認在禮儀中確有一些不必要的細枝末節規定。不過，比起西方不斷追求變化和時髦來說，究竟哪個更可笑呢？這是我心裏還弄不清楚的問題。即便是時髦，我也並不認為它僅僅是種怪異的虛榮。相反，我把它看成是人們心理上對美的無休止追求。況且，我並不認為周密的禮儀毫無價值。經過長期的實踐結果，得以證明禮儀在為了達到某種特定效果時，乃

1　維布倫（Thorstein Veblen）：《有閒階級論》（*Theory of the Leisure Class*），紐約，1899 年，第 46 頁。——作者

是最恰當的手段。當我們要做一件事時，必定有做此事的
最好方法，而最好方法應是最經濟，同時也是最優美的方
法。斯賓塞先生（Herbert Spencer）這樣定義優美：它是
最經濟的行為方式。茶道的儀式規定了使用茶碗、茶勺、
茶巾等的一定方式。在新手看來未免乏味。但他馬上就
會發現，這套規定的方式，歸根結底最節省時間和勞力，
換句話說，是最省力的 —— 因此，根據斯賓塞的定義，
它是最優美的。

　　社交禮法的精神意義 —— 或者，借用《舊衣新裁》[2]
的用語來說，禮儀舉止可以說不過是精神規律的外衣罷了
—— 它的外表遠遠大於我們相信的程度。我們可以仿效
斯賓塞先生的範例，去尋探關於我國國民禮法的起源，以
及使它建立起來的道德動機。不過，這並不是我在本書中
所要做的。我想要着重指出，在嚴格遵守禮儀中所包括的
道德訓練。

　　如上所說，禮儀舉止詳細規定到細枝末節，於是便產
生了各種流派的不同體系。但是在最終本質上，它們是一
致的，如果用最著名的禮法流派、小笠原流宗家[3]〔小笠
原清務〕的話來說，就是"禮道之要，在於練心。以禮端

2　《舊衣新裁》（*Sator Resartus*）是英國思想家托馬斯・卡萊爾（Thomas Carlyle）所寫的一本記錄其精神發展的書。── 譯者
3　小笠原流是武家禮法的一大宗派，據傳是小笠原長秀所規定，如以三指拄席行禮等。── 譯者

坐，雖凶人以劍相向，亦不能加害。"換句話說，通過不間斷地修煉正確的禮法，人的身體一切部位及其機能便會產生完善的秩序，以至達到身體與環境完全和諧，表現為精神對肉體的支配。這樣說來，法語的 biensèance〔禮儀〕（在語源上是正坐的意思），一詞不就具有嶄新而且深刻的意義了嗎？

假如說優美意味着節省力量的說法是對的話，那麼按照這個邏輯，其結果必然就是：持續實行優雅的舉止，就會使力量得以保存和貯備。因此，典雅的舉止便意味着力量處於休閒狀態。在蠻族高盧人（Gauls）搶掠羅馬，闖進正在開會的元老院，竟敢無禮地拉扯那些可敬的元老們的鬍子時，元老們缺少威嚴與力量的態度看來值得非難。那麼，通過禮儀舉止真的可以到達崇高的思想境界嗎？為甚麼不能呢？ —— 條條大路通羅馬嘛！

如要舉出一個能使最簡單的事情成為藝術，並且變成思想修養的例子，茶道就是其一。喝茶居然是一種藝術！這有何不可呢？在沙上畫畫的兒童中，或在岩石上雕刻的野蠻人中，就有拉斐爾（Raphael）或米高安哲基羅（Michael Angelo）藝術的萌芽。何況是隨着印度隱士的冥想而開始的飲茶文化，難道不是更有資格發展為宗教和道德的侍女嗎？茶道的要義在於內心平靜、感情明澈、舉止安詳，這些無疑是正確思維和情感的首要條件。隔斷了嘈雜人羣和聲音的斗室，其徹底清淨本身就誘導人的思想脫離塵世。在那整潔幽靜的斗室裏，不像西方客廳擺有許多繪畫和古董那樣使人耳目眩惑，其"掛軸"[4]之所以引起了我們的注意，與其説是由於它的絢麗色彩，毋寧説是由於它的幽雅構圖。最優雅的品味就是所追求的目的，與此相反的些許虛飾都會被當成為宗教恐怖而受到排斥。茶道在一個戰爭和關於戰爭傳言連綿不斷的時代，由一位冥想的隱士〔千利休〕[5]所設想出來的這一事實，充分表明這種禮法決不僅是為了消遣。參加茶道的人，會在進入茶室的幽靜境地之前，把他們的佩刀，連同戰場上的兇暴、政治上的憂慮都放下來，在室內只會找到和平與友誼。

茶道是超越禮法的東西 —— 它是一種藝術。它是有節奏韻律的詩。它是思想修養的實踐方式。茶道的最大價值就在於最後所指出的這一點上。雖然也有為數不少的茶道門徒專注於其他各點，不過，這並不足以證明茶道並不屬於是精神本質的。

禮縱然只使舉止優美，那也大有裨益。但它的功能決非僅止於此。禮儀發自仁愛和謙遜的動機，憑對他人的溫柔感情而律動，因而經常是同情的優美表現。禮對我們所要求的是，與哭泣者共哭泣，與喜悦者同喜悦。當這種

---

4 "掛軸"是作為裝飾用的繪畫或書法。—— 作者
5 千利休（1521-1591），本名宗易，安土桃山時代的茶人，向武野紹鷗學習茶道，完成"佗茶"，後因觸怒豐臣秀吉而自殺。—— 譯者

訓諭的要求，涉及日常生活細節時，就表現為幾乎不引人注意的瑣碎行為。再者，即使引人注意，也會像一位在日本住了二十年的女傳教士對我說過的那樣，看來非常"不可思議"。如果你在中午的烈日下不打陽傘，在戶外遇到一個日本的熟人互相寒喧時，對方會立刻摘下帽子——很好，這是極其自然的。但是，他在對談中也會收起自己的陽傘，兩人一直站在烈日之下，那可就是"非常不可思議"的做法了。該多麼愚蠢啊！——是的，如果他的動機不是："你曝曬在陽光下，我同情你。如果我的陽傘很大，或者我們是親密朋友的話，我會高興邀請你站到我的陽傘之下。不過，由於我不能為你打傘，我會分擔你的痛苦"那才真的不可思議呢。跟這相同，或者更不可思議的瑣碎行為不少，它們不僅是一種姿態或習慣，而且是關心他人的"體現"。

再舉一個關於我國禮法所規定習慣中"非常不可思議"的例子。許多談及日本的膚淺作家，把禮節簡單歸之於日本對任何事物都普遍顛倒過來的習性。無論哪一個碰到這種習慣的外國人都會坦白表示，要他們在這種場合作出適當回答感到困惑。例如，在美國，當贈送禮物時，會向接受禮物者誇獎那份禮品，而在日本卻是貶低、輕視那份禮物。美國人的心意是："這是一件精美的禮物。如果不是精美東西的話，我就不敢把它送給你。因為把不精美的東西送給你便等於侮辱。"與此相反，日本人的邏輯是："你是一位好人,沒有任何精美的東西能配得上你。無論把甚麼東西放在你面前,除了作為我善意的表示之外,它都不會被接受。這件東西並不是因為它本身的價值,而是作為紀念而請你收下。即使最完美的禮物,如果聲稱它足夠完美而配得上你,那是對你身價的侮辱。"如果對比一下這兩種思想,其最終的意思是一樣的。哪一個都不是"非常不可思議"的想法。美國人是就禮品的物質方面而言,日本人是就送上禮品的思想方面而言。

由於我國國民的禮儀感一直體現到舉止的一切細枝末節,從其中抽出最輕微的東西,並把它當作典型,據此對原則本身作出批判,這是顛倒了推理方法。吃飯和遵守吃飯禮儀,哪個更重要呢?一位中國的賢人〔孟子〕回答說:"取食之重者與禮之輕者而比之,奚翅食重?""金重於羽者,豈謂一鈎金與一輿羽之謂哉!"[6] 即使把方寸之木放在岑樓之上,也不會有人說它比岑樓還高吧[7]。或許有人會說:"說真實話與遵守禮儀,哪一個比較重要呢?"對於這個問題,日本人與美國人的答案是相反的。——不過,在論述有關信實或誠實這個題目之前,我對此先不作評論。

6　《孟子・告子下》。——譯者
7　岑樓是像山那樣高而尖的樓。按《孟子・告子下》裏面的原文是:"不揣其本而齊其末,方寸之木,可使高於岑樓。"——譯者

第七章

誠

　　沒有信實或誠實，禮儀便是一場鬧劇和表演。伊達政宗說："禮之過則諂。"一位古代的和歌作者告誡說："心如歸於誠之道，不祈神亦佑焉"，他超越了波洛尼厄斯（Polonius）。孔子在《中庸》裏尊崇誠，賦予它超自然之力，幾乎把它與神等量齊觀。他說："誠者，物之終始，不誠無物。"他還滔滔不絕地論述了誠的博厚和悠久的性質，不動而變、無為而成的力量。"誠"這個漢字，是由"言"和"成"結合而成，使人不禁想到它與新柏拉圖學派的邏各斯[1]說頗相類似——孔子以他那非凡神秘的飛躍達到了這樣的境界。

　　謊言和遁辭都被看為卑怯。武士崇高的社會地位，要求有比農民和商人更高的信實標準。所謂"武士一言"——恰好與德語的 *ein Ritterwort* 意思相近——就是充分保證所說的話的真實性。武士重諾，其諾言一般並不憑簽訂證書而履行。認為簽訂證書與他的品位不相稱。坊間流傳着許多因"食言"，即一口兩舌而以死抵償的故事。

1　Logos，有語言、思想、意義、概念等義。——譯者

　　由於重信實到如此崇高的地步，因此，真正的武士就把發誓當作是對他們名譽的毀損。這一點與一般基督徒經常違背主明確的“不要發誓”的命令不同。我清楚武士會呼叫眾神或憑着佩刀來起誓，但是他們的誓言決不會墮落成肆意的形式或毫無誠意的感嘆詞。為了強調其誓言，他們常常會不折不扣地以瀝血來判斷。要解釋這種方法，讀者可參看一下歌德的《浮士德》。

　　最近有一位美國作家說：“如果你問一個普通的日本人，你認為謊言和失禮哪個較好？他會毫不猶豫地回答：‘謊言’。”皮里博士（Dr. Perry）這樣說[2]有一部分對，有一部分錯。不僅是普通日本人，甚至連武士也會像他所說的那樣回答，在這一點來說是對了。但是博士把日語的謊言（ウソ）這個詞譯作“falsehood”（虛偽），給它加以過重的分量，這一點卻錯了。所謂“ウソ”這個日本詞，大都用來表明並非真實（“マコト”）或並非事實（“ホントウ”）。如果引用洛厄爾[3]的說法，華茲華斯（Wordsworth）未能區別真實和事實，普通的日本人在這方面是同華茲華斯一樣的。詢問一個日本人，或者有些教養的美國人，他是否喜歡你，或他是否有胃病，他大概會毫不遲疑地用

2　皮里（Ralph Barton Perry）：《日本的真相》（*The Gist of Japan*），第86頁。——作者

3　洛厄爾（Percival Lowell, 1855-1916），美國天文學家，曾旅居日本。著有《遠東的精神》（*The Soul of the Far East*）等。——譯者

謊言來回答：“我很喜歡你”，或“我很健康，謝謝”。與
此相反，單純為了禮儀而犧牲真實，便成了“虛禮”及“以
甜言蜜語來騙人”，這從來都不是正當的做法。

我知道我現在談的是武士道的信實觀，但是稍微說幾
句有關我國國民商業道德的話，可能也並非不恰當。關
於這點，外國的書籍報紙上已發表了許多怨言。寬鬆的商
業道德確實是我國國民聲譽上最糟的污點。不過，在痛斥
它，或者因此過早責難全體國民之前，我們何不冷靜地對
它作出研究呢？果爾，我們會對未來感到慰藉吧。

在社會上一切較偉大的職業中，沒有比商業離武士
更遠的了。商人在所謂士農工商的職業階層中，被置於
最低的位置。武士靠土地獲得收入，而且如果他願意的
話，甚至可以從事業餘農業。但是關於櫃枱和算盤的工
作則受到嫌棄。我們了解這種社會安排背後的睿智。孟
德斯鳩（Montesquieu）早已表明，使貴族遠離商業，能預
防財富積聚於掌握權力者手中，是值得稱讚的社會政策。
權力和財富的分離，會使財富分配接近均衡。迪爾教授
（Professor Samuel Dill）在他所著的《西羅馬帝國最後世紀
的羅馬社會》（*Roman Society in the Last Century of Western
Empire*）中，論證了羅馬帝國衰亡的原因之一，在於允許
貴族從事商業，結果產生了少數元老家族壟斷財富和權力
的情況，這是我們記憶猶新的。

因此，封建時代的日本商業，從未發展到在自由情況

下應達到的程度。對這種職業的輕蔑，就自然而然地使那些不顧社會褒貶毀譽的人們集聚於其內。"把一個人稱為賊，他就會去偷竊。"如果某一職業蒙受到標籤，那麼從事這種職業的人就會照此來調整他們的道德水平。正如休・布萊克（Hugh Black）所說："正常的良心會一直上升到對它所要求的高度，又很容易下降到所期待於它的標準的水平。"大概這是十分自然的。不論商業或其他職業，任何職業沒有道德準則都不行，這是不消提的。封建時代的日本商人在他們之間也有道德準則，諸如同業公會、銀行、交易所、保險、票據、匯兌等基本的商業制度，儘管這些還處於萌芽階段，但沒有這些準則就不會取得發展。不過，在他們跟自己職業以外的人的關係方面，商人的行為就完全符合人們對他們的評價。

由於這種情況，我國在開放對外貿易時，只有最冒險且毫無顧忌的人才會奔向港口。而那些可敬的商號，即使當局一再要求其開設分店，卻繼續表示拒絕。那麼，武士道就無力阻止現時商業上的不當行為嗎？讓我們來思考一下。

熟悉我國歷史的人都會記得，我國在開放對外貿易口岸僅僅數年之後，封建制度便被廢除了。與此同時，武士的俸祿隨之被取消，以發公債來作補償，這時他們可以自由地將公債投資於商業。於是，諸位或許會問："為甚麼他們沒能把其高度自豪的信實，應用到他們的新事業關係方面，並用它來改革舊弊呢？"許多高潔而正直的武士，在陌生的工商業領域中，與狡猾的平民競爭時，由於完全不懂得討價還價而招致難以挽回的失敗。凡是看到這些情境的人都不禁流淚，有良心的人都同情不已。據說即便在美國那樣的實業國家中，幾乎要有百分之八十的實業家失敗，那麼即使從事實業的武士，在這個新職業中，成功者百中無一也就不足為奇了。要確定武士因嘗試把武士道的道德應用於商業交易而毀滅了多少財產，要花費不少時間。不過，財富之路並非榮譽之路，誰一看都會馬上就明白。那麼，兩者的差別究竟在哪裏呢？

在萊基（William Lecky）所列舉有關信實的三個誘因，即經濟、政治和哲學誘因中，第一個誘因正是武士道所缺少的。至於第二個誘因，在封建制度下的政治社會中也沒能獲得多大發展。誠信之所以在我國國民的道德條目中佔據了崇高地位，是其哲學誘因，正如萊基所說，即其最高的表現。我非常尊敬盎格魯—撒克遜民族崇高的商業道德，當我詢問其道德之本時，我得到的答覆是："誠信是最佳的政策"——就是說誠信是合算的。那麼，德行本身豈不就是這種德行的回報嗎？如果說因為誠信要比虛偽能得到更多現金所以才遵守它的話，我恐怕武士道寧願沉溺於謊言之中！

雖然武士道拒絕所謂"以一還一"的報償主義，但狡猾的商人卻樂於接受。按萊基所說信實的發展應主要歸

功於工商業的話極為正確。正如尼采指出，誠信是各種
德行中最年輕者——換句話來説，它是現代產業的養子。
沒有這個母親，信實就好像一名出身貴族的孤兒，只有最
富有教養的心靈才能養育他。這樣的心靈普遍存在武士
之中，不過，如若沒有更勢利的平民養母，這個幼兒就未
能得到完美的發育。隨着產業的發展，人們就會理解，做
到信實是容易的，不，應是有利可圖的德行。試想想看，
俾斯麥對德意志帝國的領事發出訓令，警告説："其中德
國船隻裝載的貨物，在品質和數量兩方面都顯得缺乏信
用，十分可悲"，這是不久前 1880 年 11 月發生的事。然
而，今天已較少聽到德國人在商業上粗心大意和不誠信的
事了。二十年間，德國商人終於學到了誠信是合算的事
實。我國的商人也發現了這件事。關於其他的事，我向讀
者推薦兩本能對這點作出確切判斷的新書 [4]。與此相關聯而
且很有趣的，是甚至借債的商人也會以提出保證書的形
式，把誠信和名譽作為最可靠的保證。寫上諸如"在拖延
償還惠借款項的期限時，即使在大庭廣眾面前嘲笑我，也
毫無怨言"，或者"在不還債時，情願罵我是混蛋"等詞句
是普通不過的事。

4　克納普（Arthur May Knapp）：《封建和現代的日本》（*Feudal and
　Modern Japan*），第 1 卷，第 4 章；蘭塞姆（J. Stafford Ransome）：
　《轉變期中的日本》（*Japan in Transition*），第 8 章。——作者

　　我常常自省，武士道的信實，是否還有比勇氣更高的動機。由於缺乏不得作偽證的正面戒律，謊言並不被判為罪行，僅僅會被當作懦弱而受到排斥。這種懦弱極其不名譽。事實上，誠信這個觀念與名譽混合在一起，不可分割，而它的拉丁語和德語的語源，和名譽出自同一個詞。現在考察武士道的名譽觀，相信是適當的時機了。

第八章

名譽

名譽感包含着人格的尊嚴及對價值的明確自覺。因此，對於自小重視自身義務和特權的武士來說，這是不可或缺的特徵。雖然現今普遍使用"名譽"一詞，但那時並未可以自由使用，當時這個觀念是用"名"、"體面"、"外聞"等詞語來表達的。這三個詞語，使人聯想到《聖經》上所使用的"名"（name）、從希臘語派生的"人格"（personality）以及"名聲"（fame）。好的名聲 —— 人的聲譽，"人本身不朽的部分，沒有它人便是禽獸" —— 任何對它的正直的侵犯，理所當然地都會成為一種恥辱。廉恥心是少年教育中應培養的最初德行之一。"會被人恥笑的"、"有損體面"、"不感覺羞恥嗎"等等，就是對犯了過失的少年，為糾正其行為而作出的最後訴說。打動少年的名譽感，便如同他在母腹中已受到名譽培養一樣，會觸及他心情最敏感之處。因為名譽與強烈的家族自覺緊密地聯結一起，所以它確是出生以前的一種薰陶。巴爾扎克（Honoré de Balzac）說："社會失去了家族的紐帶，就喪失了孟德斯鳩稱之為'名譽'的基本力量。"的確，照我看來，羞恥的感覺乃是人類道德自覺的最初徵兆。我認為，

由於嚐了"禁果"而落在人類頭上的那最初而最重的懲
罰，既不是生育孩子的痛苦，也不是荊棘和薊草，而是羞
恥感的覺醒。再沒有比那最初的母親〔夏娃〕，胸口喘息、
手指顫抖地，用粗糙的針把她沮喪的丈夫摘給她的幾片無
花果樹葉縫起來的情景，更為可悲的歷史事件。這個不服
從的最初之果，以其非他物所能企及的執拗性，頑固地糾
纏着我們。人類所有的裁縫技術，一直還未能成功縫製
一條足以有效遮蔽我們羞恥感的圍裙。一位武士〔新井白
石〕在他少年時代就拒絕在品質上向輕微的屈辱妥協，他
說得沒錯："恥辱如同樹的傷痕，它不隨時間而消逝，反
而只會增大"。

　　卡萊爾（Thomas Carlyle）說："羞恥是孕育一切德行、
善良風度以及高尚道德的土壤"，而早於他數百年，孟子
就曾以幾乎同樣的詞句〔"羞惡之心，義之端也"〕[1] 教誨世
人。

　　在我國的文學中，雖然沒有像莎士比亞那樣借諾福
克（Norfolk）[2] 之口道出的雄辯，但是，儘管如此，對恥辱
的恐懼卻是極大的，它像達摩克利斯（Damocles）的劍一
樣懸在每一位武士頭上，甚至每每帶着病態的性質。在武
士道的訓條中，一些看不出有任何值得肯定的行為，卻可

1　《孟子‧公孫醜上》。——譯者
2　莎士比亞《李爾王》（King Lear）中的人物。

以名譽之名而做出來。因為一些極其瑣碎的，不，只是想像中的侮辱，性情急躁的自大狂者就會發怒，立即訴諸佩刀，挑起許多不必要的爭鬥，斷送許多無辜的生命。有這麼一個故事，某個商人好意地提醒一位武士他的背上有隻跳蚤在跳，便立刻被砍成兩半，其簡單而又奇怪的理由就是，跳蚤是寄生於畜牲身上的昆蟲，把高貴的武士等同畜牲看待，是不能容許的侮辱 —— 雖然，這樣的故事荒謬透頂，令人無法相信，但是，像這樣的故事之所以得到流傳，包含着三層意思：(1) 為了嚇唬老百姓而編造出來；(2) 有時實際上濫用了武士的名譽身份；以及 (3) 在武士中發展了一種極其強烈的羞恥感。拿一個不正常的例子來責難武士道，顯然不公平，這與從宗教的狂熱和妄信的結果 —— 即宗教審判和偽善中 —— 判斷基督的真正教導無異。但是，就像宗教的偏執狂比起醉漢的狂態，畢竟還有些動人高貴之處一樣，在有關名譽的問題上，在武士的極端敏感中，難道就看不到那潛在的真正德行嗎？

微細的名譽訓條容易令人陷入病態的過火行為，卻可以靠寬恕和忍耐的教導大大地抵銷。因很小的刺激而發怒，會被譏笑為"急躁"。諺語說："忍所不能忍，是為真忍"。在偉大的德川家康的多條遺訓中，有如下的話 ——"人之一生如負重擔走遠道。勿急……忍耐為安全長久之基……責己而勿責於人"。他以自己的一生來印證了他所説的話。某一狂歌師[3]借我國歷史上三個著名人物之口，道出了顯示三人特點的詩句，如下：織田信長詠道："（杜鵑）不鳴則誅之"；豐臣秀吉詠道："（杜鵑）不鳴則誘其鳴"；而德川家康則詠道"（杜鵑）不鳴則待其鳴"。

　　孟子也對忍耐和堅忍大加稱讚。他在某處寫了這樣意思的話："雖然你以裸體來侮辱我，但你的暴行污損不了我的靈魂。" ——〔"雖袒裼裸裎於我側，爾焉能浼我哉！"〕[4] —— 還有，在另一處他教導説，因小事而怒，君子之所愧，為大義而憤怒，此為義憤。[5]

　　武士道能達到何種程度的不鬥爭、不抵抗的謙和，可以從武士道信徒的言論中了解。例如，小河〔立所〕説："對人之誣不逆之，惟思己之不信。"還有，熊澤〔蕃山〕説："人咎不咎，人怒不怒，怒與欲俱泯，其心常樂。"還可以引用一個連"羞恥也不好意思停留在"他那高貴額頭上的西鄉〔南洲〕的例子，他説："道是天地自然的東西，人是行斯道的，目的在於敬天。因為天對人對我都毫無區別地施加仁愛，所以應以愛我之心愛人。不要以人為對

3　狂歌為江戶時代中期以後流行的用俗話作的滑稽"和歌"。——譯者
4　《孟子·公孫醜上》。——譯者
5　按《孟子·梁惠王下》原文為："王請無好小勇。夫撫劍疾視曰：'彼惡敢當我哉！'此匹夫之勇，敵一人者也。王請大之！詩云：'王赫斯怒，爰整其旅，以遏徂莒，以篤周祐，以對於天下。'此文王之勇也。文王一怒而安天下之民。"——譯者

手，而應以天為對手。以無為對手來盡一己之力，而不責備人，我應檢查誠心是否足夠。"這些話使我們想起了基督教的教誨，同時也向我們表明，在道德實踐方面，自然宗教能夠與啟示宗教是如此的接近。以上這些話不只是侃侃而談，而是已在現實行動中具體化了。

必須承認，能夠達到寬大、忍耐、仁恕這樣崇高境界的人，為數甚少。頗令人遺憾的是，關於名譽究竟是由甚麼構成，並沒有十分清晰而概括的說明，唯有少數智德卓越之士認識到名譽"並非由於境遇而產生"，而在於各人恪盡其本分。蓋因青年人在平安無事時所學孟子的話："欲貴者，人之同心也。人人有貴於己者，弗思耳。人之所貴者，非良貴也。趙孟所貴者，趙孟能賤之。"[6]到他們熱情行動時卻很容易忘記。

正如在以下要說到的那樣，一般說來，對於侮辱馬上就發怒，並且會拼死來加以報復。反之，名譽——往往不過是虛榮或世俗的讚賞——則被珍視為人生的至善。唯有名聲，而不是財富或知識，才是青年人追求的目標。許多少年人在跨越他父母房子的門檻時，內心就發誓：除非在世上成了名，否則就決不再跨進這個門檻。而許多功名心切的母親，除非她們的兒子衣錦還鄉，否則就拒絕再去見他們。為了免於受辱或為了成名，少年武士不辭千辛

---

6 《孟子·告子上》。——譯者

萬苦，甘受肉體或精神的痛苦的最嚴酷考驗。他們知道，少年時所獲得的名譽將隨着年齡俱增。當圍攻大阪的冬季戰役時，德川家康的一個小兒子〔德川賴宣〕，儘管熱心懇求加入先鋒隊，卻被安置在軍隊後衛。在城池陷落時他非常失望地痛哭起來。一位老臣想盡方法試圖安慰他，進諫道：“這次您沒有攻城陷陣請不必着急。在您一生之中，這樣的事還會有許多次。”德川賴宣怒目注視着這位老臣說：“你的話極其愚昧！我十四歲的年華難道還會有嗎？”

如果能得到名譽和聲望，就連生命本身也被認為沒有價值。因此，只要有比生命更珍貴的目的，生命就會極其平靜而迅速地被捨棄。

在生命都可為之犧牲的最貴重事情中，就要數忠義。它是把各種封建道德聯結成一個勻稱拱門的基石。

第九章

忠義

　　封建道德中的其他各種德行是與其他倫理體系，或其他階級的人們所共通的，但這個德行 —— 對長輩的服從和忠誠 —— 則構成截然獨具的特點。我知道，個人的忠誠是存在於各式各樣種類和境遇的人們之間的一個道德紐帶 —— 即使一個小偷集團也要對費金[1]效忠。然而，只是在武士的名譽訓條中，忠義才獲得至高無上的重要地位。

　　黑格爾（Hegel）曾經批評封建臣下的忠誠[2]，因為它是對個人的義務而不是對國家的義務，所以是建立在不合理的原則上的羈絆，儘管如此，他偉大的同胞俾斯麥卻認為，個人的忠誠是德國人的美德並加以誇耀。俾斯麥誇獎它是有充分理由的。然而並非因為他所誇獎的忠誠是他祖國，或者是任何一個國家或民族的專有物，而是由於騎士道這個鮮美的果實在封建制度下，保留得最久，而在國

1　費金（Fagin），狄更斯《苦海孤雛》（*Oliver Twist*）中的人物：小偷的頭頭。—— 譯者

2　見黑格爾《歷史哲學》（英譯本 *Philosophy of History*）第四部第二篇第一章。—— 作者

民中間也一直保留到最晚的緣故。在美國，人們認為"每
個人都與他人相等"，並如愛爾蘭人所補充的，"而且更
勝於他人"，或許會認為我國國民對天皇這種崇高的忠義
觀念，"在某個範圍內是好的"，但過於的鼓勵這種觀念卻
是荒謬的。很久以前孟德斯鳩就慨嘆過，在比利牛斯山
脈（Pyrenees）這一側是正確的事，在另一側卻是謬誤的，
而最近的德雷弗斯[3]案件，就證明了他的話是真理，而且
不支持法蘭西的公義的邊界，並不僅是一個比利牛斯山
脈而已。同樣地，如我國國民所抱有的忠義，在其他國家
或許找不到許多讚美它的人，但這並不是因為我們的觀
念錯誤，恐怕卻是因為他們把忠義忘記了，又或許是因為
我們把忠義發展到一個在任何其他國家都未曾達到的地
步。在中國，儒教把對父母的服從作為人們的首要義務，
而在日本卻把忠義放在首位，格里菲斯[4]的這種論述完全
正確。我不顧遭善良讀者厭惡的危險，來敘述一個如同莎

3　德雷弗斯（Alfred Dreyfus），猶太裔法國人，炮兵上尉。以向巴黎的德
　　國公使館出賣軍事機密嫌疑，於 1884 年 10 月被捕，軍事法庭審判結
　　果，處以終身流放，撤職，送到法屬圭亞那附近的魔鬼島終身監禁。
　　其後冤罪被揭露，真犯是陸軍少校埃斯特哈齊（Ferdinand Walson Es-
　　terhazy），陸軍當局迎合反猶太人的反動思潮，仍認為德雷弗斯並非無
　　罪，以致在法國內，左拉（Émile Zola）和其他激進分子的彈劾聲日益
　　高漲，成為政治化問題，令世界輿論為之震驚，責問法國陸軍當局。
　　於是在重審下，認定德雷弗斯無罪。——譯者
4　格里菲斯（William Elliot Griffis, 1843-1928），美國宗教家、著述家，
　　著有《日本的宗教》（The Religions of Japan）等。——作者

士比亞所說的"在故事中留下了名字"的，"與式微君主
共艱苦"的人的事蹟。

　　這是關於我國歷史上最偉大的人物之一菅原道真[5]的
故事。他成了嫉妒和讒誣的犧牲品，被放逐出京城，但他
冷酷的敵人並不滿足於此，更策劃要滅他全族。他們嚴
密搜查他那未成年的幼子的住所，查出了菅原道真的舊
臣源藏把他秘密藏匿在一個寺院的私塾中。當限期交出
幼年犯人首級的命令下達源藏時，他首先想到要找個合適
的替身。他按照寺院學生的名冊，用對進入寺院私塾的孩
子一一仔細查看，但在這些出生於農村的孩子中，沒有一
個與他所藏匿的幼主稍為相似。不過，他的絕望只是暫時
的。看啊，有一個由器宇不凡的母親領來請求入學的孩子
──是一個和主君的公子年齡相仿的秀氣少年。母親和
少年人自己都知道，二人非常相像。在自家的密室裏，兩
個人獻身於祭壇，少年人獻出他的生命──而他母親是
把心獻了出去，但表面上未露聲色。源藏並未想到這些，
卻暗暗地下定決心。

　　現在找到代罪羔羊了！──以下簡單地說一下故事
的餘下部分。──在限期的那天，負責檢驗首級的官員
〔松王丸〕前來領取少年人的首級。調包的首級能瞞得過
他嗎？可憐的源藏手按着刀柄提心吊膽，一旦計謀被識

5　菅原道真（845-903），平安前期的學者、政治家。──譯者

破的話，就要給檢驗首級的官員或自己一刀。松王丸把放在他面前的可憐首級挪過來，平靜地仔細端詳之後，用從容不迫的、公事公辦的語調宣佈"不假"。—— 這天晚上，在那孤寂的家中，曾經到過寺院私塾的母親正在等待着。她知道了兒子的命運嗎？她熱切地注視着門戶打開，但這卻不是等待兒子歸來。她的家翁長時期承蒙菅原道真的眷顧，道真流放到遠方之後，她的丈夫卻不得不去侍奉全家恩人的敵人。這雖屬冷酷，他本人卻不能不忠於自己的主人，但他的兒子卻可以為祖父的主君效勞。作為了解菅原道真家族的人，他被委以檢驗幼主首級的任務。現在，完成了那天的 —— 當然，也是一生的 —— 難以處理的任務之後，他回到家裏，還沒有跨過門檻，便向妻子招呼道："喂，老伴應該高興吧，我們親愛的兒子已經對主君效忠了！"

　　讀者或許會喊道："多麼殘酷的故事呀！""雙親經過商量之後，為了救別人兒子的性命竟犧牲自己無辜的兒子。"可是，這個孩子是自覺而且心甘情願去做犧牲品的。這是一個替死的故事 —— 與亞伯拉罕獻上以撒的故事（《聖經·創世記》第 22 章）同樣著名，而且並不比它更令人厭惡。不管這是由看得見的天使還是看不見的天使所給予的，是由外在耳朵還是由內在耳朵聽見的，兩者都是對某種義務的召喚的順從，對來自上天的命令的完全服從。—— 但是，我還是不要說教了。

西方的個人主義承認父與子、夫與妻各有各的利害，因而人們對他人所擔負的義務就必然顯著地減少。但是，就武士道而言，家族及其成員的利害一致 —— 是渾然一體、不可分離的東西。武士道把這個利害同愛情聯結 —— 自然地、本能地、不可抗拒地聯結起來。因此，如果我們憑自然的愛（連動物也具有的）為愛人而死，這算甚麼呢？"即使你們去愛那些愛你們自己的人，會得到甚麼報酬呢？收稅的人不是也那麼做嗎？"[6]

賴山陽[7]在他偉大的《日本外史》中，用痛心的詞句敍述了平重盛[8]關於父親的叛逆行為在他內心的激烈鬥爭。"欲忠則不孝，欲孝則不忠。"可憐的重盛！我們看到，其後他就傾注心魂向上蒼祈死，懇求從這個純潔與正義兩難存的人世中得到解脱。

有許許多多像平重盛的人在義務與人情的衝突中被撕裂心脾。的確，不論是在莎士比亞那裏，還是在《舊約聖經》那裏，都沒有包含相當於我國國民所表現的"孝"的概念的準確譯詞。儘管如此，在像以上那種衝突的情況下，武士道會毫不遲疑地選擇忠義。婦女也鼓勵她們的兒

6　《聖經·馬太福音》5:46。——編者
7　賴山陽（1780-1832），江戸後期的儒者、史學家。——譯者
8　平重盛（1138-1179），平安末期武將。——譯者

子為主君犧牲一切。武士的妻女，並不遜於寡婦溫德姆[9]和她那有名的配偶，為了忠義她們會決然、毫不躊躇地捨棄她們的兒子。

　　武士道跟亞里士多德以及近代幾位社會學家一樣，認為由於國家先於個人而存在，個人作為國家的一部分及其中的一分子而誕生出來，所以個人應該為國家，或者為它的合法掌權者獻出生命。看過《克力同篇》(*Crito*) 的讀者，大概會記得蘇格拉底所敍述關於他逃亡的問題中，國法與他爭辯的議論吧。其中，他扮演國法或國家說："你本是在我的庇蔭下誕生、撫養，而且接受教育，而你竟敢說，你和你的祖先都不是我們的子女和僕人嗎？"[10] 這樣的話對我國國民來說，不會產生任何不正常的感覺。因為同樣的話很久以前就已宣之於武士道的口了，而其差別只不過是，國法和國家在我國是通過具體的人來表現罷了。忠義就是從這個政治原理產生出來的倫理。

　　對斯賓塞先生僅僅賦予政治服從 —— 忠義 —— 以過

9　溫德姆（Windham），英王查理一世的臣下，在查理與克倫威爾軍作戰時，溫德姆和他的三個兒子都戰死了。有人去安慰溫德姆的妻子，她說道：獻給國王三個兒子何足惜，如果我還有兒子的話，也要把他獻給國王。

10　嚴羣譯柏拉圖《克力同篇》中譯本（商務印書館 1983 年版）譯文作："你既是我們所生、所養、所教，首先你能說你本身和你祖先不是我們的子息與奴才嗎？" —— 譯者

渡性職能的説法，[11] 我並非全然無知。也許是這樣吧。當
日之德當日足矣。[12] 我們將安心地重複行之，尤其是我們
相信所謂的當日是一段很長的時期，何況我國國歌也説：
"直到彈丸小石成為佈滿苔蘚的大岩石"呢。與此相關的，
我們會想起，即使像英國這樣的民主國家裏，正如鮑特密
先生（Monsieur Boutmy）最近所説："對一個人及其後裔
在人格上的忠誠感情，是他們的祖先日耳曼人對其首領所
懷抱的感情，它或多或少流傳下來，成為對他們君主血統
的一種深厚忠誠，這在他們對王室的異常愛戴中表露無
遺。"

斯賓塞先生預言道，政治服從將會被對良心命令的忠
誠所代替。假定他的推理得到實現 —— 忠義以及隨之而
來的尊敬本能會永遠消失嗎？我們把服從由一個主人轉
到另一個主人，而且對哪個主人都沒有不信實之處；我們
從握有地上權柄的統治者的臣民，成為坐在內心最神聖地
方的王的臣下。幾年前，一些陷入歧途的斯賓塞弟子挑起
了極為愚蠢的爭論，曾引起日本知識界的恐慌。他們擁護

11　斯賓塞（Herbert Spencer）：《倫理學原理》（The Principles of Eth-
ics），第 1 卷，第 2 部，第 10 章。—— 作者

12　按原文的這句話：Sufficient unto the day is the virtue thereof，是
從《聖經》的 "一天的難處一天當就夠"（Sufficient unto the day is the
evil thereof）脱胎而來。《聖經》的意思是 "別為明天擔憂吧"。——
譯者

對皇室不可分割的忠誠時過分熱心，更責難基督徒發誓忠於其主，實有大逆不道的傾向。他們沒有詭辯家的機智，卻擺出詭辯論的架勢；缺乏煩瑣哲學家的洗練，卻擺出煩瑣的迂論。他們對於在某種意義上，我們能夠"事奉二主而不親此疏彼"，"把凱撒的東西還給凱撒，把上帝的東西還給上帝"這樣的事，知之甚少。難道蘇格拉底不是在毫不退讓地抵抗對鬼神的忠誠下，以同樣的忠實和平靜心態來服從地上主人（即國家）的命令嗎？他是生則遵從其良心，死則服務其國家。如果有一日國家強大到能夠指揮人民的良心，那才可悲！

武士道並不要求我們出賣良心，成為主君的奴隸。托馬斯·莫布雷（Thomas Mowbray）以下的詩句，充分代表了我們的言論：

可畏的君主啊，我獻身您的腳下，
我的生命唯君命是從，我的恥辱則不然。
拋棄生命是我的義務，即便死去，
卻不得把在墓前我的永生芳名，
留給陰暗的不名譽使用。

武士道對於那些為了主君反覆無常的意志，或者妄念邪想而犧牲自己良心的人，給予很低的評價。這樣的人被鄙視為"佞臣"，即以陰險的阿諛來討好主君的奸徒，或

"寵臣"，即以卑躬屈節的隨聲附和竊取主君寵愛的嬖臣。這兩種臣子，和伊阿古[13]所説的完全一致。—— 一種是"自身脖子上套着繩索，與主人畜圈裏的驢子一樣，滿不在乎地虛度一生，老實的低三下四的愚人"，另一種是"表面上裝出忠心耿耿的姿態，做出業績，內心深處卻一味為自己打算的人"。當臣子與君主出現意見分歧時，他所採取的忠義之道，就像臣事李爾王的肯特（Kent）[14]那樣，用盡各種手段來匡正君主的錯誤。當未被接受時，就讓主君隨意處置自己。這時，武士通常會以濺灑自己的鮮血來表明諫言的忠誠，以此手段作為對主君的明智和良心的最後申訴。

武士把生命看作是臣事主君的手段，而其理想則放在名譽上面。武士的整全教育和訓練就是以此為根基來進行。

---

13 伊阿古（Iago），莎士比亞《奧瑟羅》（*Othello*）中的人物。伊阿古説：
"有一班奴才，他們卑躬屈節，唯命是從，甘心套着那鎖鏈，出賣自己的一生，活像他主人的驢子，……""另外有種人，他們表面上裝得忠心耿耿，骨子裏卻處處替自己打算；……"（方平譯《奧瑟羅》，上海譯文出版社 1980 年版）—— 譯者

14 莎士比亞《李爾王》（*King Lear*）中的人物。

第十章

武士的教育和訓練

　　在武士的教育方面，首先應遵守的一點在於建立品行，對思維、知識、辯論等智力才能不予重視。如前所述，美學修養在武士的教育上佔有重要地位。它是有文化的人所不可或缺的，但在武士的訓練上，與其說它是必要的，毋寧說是附屬品。卓越的智力當然重要，但是用來表現智力的所謂"知"這個字，主要意味着睿智，而知識只處於極為附屬的地位。支撐着武士道整個骨架的三個鼎足稱為智、仁、勇。武士本質上是會行動的人。學問在他的活動範圍之外。只是當學問牽涉武士的職責時，他才會利用它。宗教和神學則歸於僧侶的教育，武士亦只是以之來培養勇氣。正如一位英國詩人所吟詠的那樣，武士相信"不是信條拯救人，而是人把信條正當化"。哲學和文學構成武士知識訓練中的主要部分。但是，即使在學習這些方面，他所追求的並非客觀真理 —— 學習文學主要是作為消遣娛樂，學習哲學若不為了闡明軍事的或政治問題，就是為了實際建立品行。

　　根據以上所說，對於武士道教育中教授的課程主要是由擊劍、箭術、柔術或柔道、馬術、矛術、兵法、書法、倫理、文學以及歷史等組成，就不足為奇了。在這些課程中，對柔道和書法或許有必要作幾句說明。之所以重視書法，恐怕是因為我國的文字具有繪畫性質，因而具有藝術價值的緣故；再者，筆跡能表現一個人的性格。如果給柔術下一個簡單定義的話，大概可以說它是把解剖學的知識應用於攻擊和防禦的目的上。它與摔角不同，在於柔術不依賴肌肉的力量。再者，它亦與其他攻擊方法不同，在於柔術不會使用任何武器。其特點在於抓住或打擊敵人身體某個部位，使他麻痺，以至不能反抗。其目的不在於殺死敵人，而是使他暫時不能活動。

一個在軍事教育上期待有的，而在武士道的教授課程中卻找不到的科目，毋寧說是數學。但這很容易解釋，因為封建時代的戰爭實際上與科學的精確性無關。不僅如此，武士的整個訓練都不適用於培養數字觀念。

武士道是非經濟性的，它以貧困自豪。它同文提狄斯所說的[1]一樣，"武士的道德是名譽感，與其獲得利益而蒙受污名，寧可選擇損失。"唐吉訶德亦認為，比起黃金和領地，自己生銹的矛槍和瘦骨嶙峋的馬令他更感自傲。而武士對於他那言過其實的拉曼查同僚，卻抱着由衷同情。他鄙視金錢本身 —— 無論是賺取或是儲存。在他看

1　文提狄斯（Ventidius），莎士比亞的《雅典的泰門》（*Timon of Athens*）中的人物。

來，這的確是不義之財。對一個腐敗的時代，最典型的形容就是所謂："文官愛錢，武官惜命。"吝惜黃金和生命受到極大的鄙視，而浪費黃金和生命則受到讚揚。一句流行的諺語說："尤其勿思金銀之欲，富則害智。"因此，兒童是在完全無視經濟的環境下被養育成人。談論錢財事被認為是低級品味，而對各種貨幣的價值缺乏知識卻是良好教育的標誌。對數字的知識，在集合兵力或者分配恩賞采邑時是不可缺少的，但是計算金錢則委之於下級官吏負責。在大多數藩國中，公共財政由下級武士或僧侶來掌管。有頭腦的武士都十分清楚金錢是支持戰爭的力量，但從未考慮對金錢的尊重提升成一種德行。武士道教導節儉是事實，但並非出於經濟的理由，而是出於訓練克己的目的。奢侈被認為是對人類最大的威脅，武士階級因而被要求要過最嚴格的質樸生活，許多藩國都嚴厲執行對奢侈的禁令。

正如我們在歷史上看到，在古羅馬，稅吏和其他掌管財政者逐漸被提升到武士階級，國家由此承認他們的職務以及金錢本身的重要性。這一事實與羅馬人奢侈和貪慾之間的密切關係，其實不難想像。武士道則不同。它一貫堅持把理財之道看為低下的東西 —— 比起道德和知識上的志業來說，尤其如此。

由於武士道極力卑視金錢和對它的慾望，武士道得以長期擺脫來自金錢的千百種弊端。這就充分說明了為何我國官吏能夠長期避免腐敗。然而，在現代，拜金思想的發展卻是何等迅速啊！

　　如果説現今的智能訓練主要通過修讀數學來實踐，當時的訓練則是透過文學的講解和倫理學的討論來授予。如前所述，那時教育的主要目的在於建立品行，青少年因此就極少為抽象問題所煩擾。人們僅僅靠博學，不能吸引眾多的崇拜者。在培根（Francis Bacon）列舉學問的三個效用，即快樂、裝飾和能力三者之中，武士道對最後一個效用給予決定性的優先地位，而其實用則在於"判斷和事務處理"。不論公務的處理也好，克己的練習也好，教育都以實際的目的來施行。孔子説："學而不思則罔，思而不學則殆。"〔《論語》〕[2]

　　當教師選擇品行而非知識、選擇靈魂而非頭腦來作為琢磨啟發的素材時，他的職業便擁有神聖的性質。"生我者父母，使我成人者師長。"由於按照這個觀念，為人師表者受到極其崇高的尊敬。一個能夠從青少年那裏喚起這種信賴和尊敬的人物，必然地應當具有卓越的人格並且兼備學識。他是亡父者的父親，迷途者的告誡人。有一格言説："父母如天地，師君如日月。"〔《實語教》〕[3]

2　《論語・為政》。——譯者

3　《實語教》是抄錄經書格言的兒童啟蒙書，是江戶時代寺廟私塾的課本，傳係弘法大師所著。內容為："山高故不貴，以有樹為貴"等。——譯者現代制度對各種工作都付予報酬，這在武士道信徒之間是行不通的。武士道相信有一種工作是既無報酬又無法定價的。不管是僧侶的工作還是教師的工作，靈魂勞務不應以金子或銀子來報償。並不是因為它沒有價值，而是因為它是無價的緣故。在這點上，可以看出武士的本性 —— 即重視無法以算術計算之名譽的特質，授予人們一個超乎現代政治經濟學的更真實一課。因為工資和薪金只能付給那種結果是具體、能夠把握或可計量的工作，然而教育上所作出的最好工作 —— 即靈魂的啟發（包括牧者的工作），並非具體、能把握或可計量的。由於不能計量的特性，這種工作不能以只有表面價值的貨幣來衡量。雖然在習慣上允許學生在一年中某個季節向老師贈送金錢或禮物，但這不怎算是報酬，而是獻禮。因此，對於通常品行嚴正，以清貧自豪，想親手勞動又竭力要保持尊嚴，要乞討而自尊心又太強的老師，事實上很樂意接受這些獻禮。他們是不屈服於艱苦、品格高尚的嚴肅化身。他們被認為能體現一切學問的目的，也能作為普遍要求武士擁有的克己素質 —— 一個鍛煉中之鍛煉的典範。

第十一章

克己

一方面，勇的鍛煉要求我們有不哼一聲的忍耐；另一方面，禮的教導則要求我們不要以傷害他人的快樂或寧靜來流露自己的悲哀或痛苦。這兩者結合起來便產生了禁慾主義的稟性，最終形成了表面上的禁慾主義這種國民性格。我之所以說表面上的禁慾主義，是因為不相信真正的禁慾主義能夠成為一國全體國民的特性，同時還因為，在外國觀察家看來，我國國民的禮節和習慣也許是冷酷無情的。然而，我國國民對柔情的敏感實際上並不遜於世界上任何民族。

我傾向認為，從某種意義上說，我國國民的多愁善感的確要勝過其他民族好幾倍。因為抑制感情的自然顯露，本身是很痛苦的。請試想一下少年，還有少女自小被教導不要為了宣洩感情而流淚或發出呻吟。而這樣行為，是使他們的神經遲鈍了，還是更加敏銳，衍生了一個生理學的問題。

武士若在面上流露出感情，就會被認為不是男子漢大丈夫。"喜怒不形於色"，是在評論偉大人物時所使用的形容。連最自然的感情也要受到抑制。父親擁抱兒子有損尊嚴；丈夫不能與妻子接吻 —— 在私室中姑且不論，在別人面前更不能這樣做。一個有智慧的青年人開玩笑說："美國人在別人面前吻他的妻子，卻在私室中打她；日本人則在別人面前打他的妻子，卻在私室中吻她"，這句話也許含有幾分真理吧。

沉着的舉止和平靜的心情，不該受任何種類的激情所困擾。我想起了最近在與中國戰爭〔甲午戰爭〕時的一件事。當一個聯隊從某城出發的時候，許多羣眾為了向隊長及其軍隊訣別而聚集在車站。這時，一個美國人來到這個地方，準備要看預期中的喧鬧場面。這時全體國民已經非常激昂，羣眾中有士兵的父母、妻子、情人等等。然而，這位美國人奇怪的感到失望，因為當汽笛長鳴，列車開動時，數千人只是沉默地脫下帽子，恭敬地低下頭來告別，既沒有人揮動手帕，也沒有人説出一句話，在寂靜中只有側耳傾聽，才會聽得到細微的欷歔嗚咽聲。在家庭生活中也是這樣，我認識一位父親為了不讓孩子察覺到父母軟弱的表現，竟整夜站在門後傾聽病兒的呼吸聲！我也認識一位母親在彌留之際，為了不妨礙兒子學習，竟不讓人把兒子叫回來。在我國國民的歷史和日常生活中，能夠與普魯塔克（Plutarch）著作中某些最動人篇章相媲美的巾幗英雄的例子俯拾皆是。在我國的農民中，伊恩・麥克拉倫肯定可以找到眾多個馬吉特・豪（Margaret Howe）。[1]

1　伊恩・麥克拉倫（Ian Maclaren）作品《在美麗的野薔薇花叢旁》（*Besides the Bonnie Brier Bush*）中的人物，賢妻良母的典型。

在日本，基督教會裏的信仰復興並不頻繁，這同樣可以用這個自我克制的鍛煉作為解釋。男人也好，女人也好，當感到心靈激動時，第一個本能反應就是悄悄地抑制住這種激動的外露。當我們自由地作出真誠而熱情的雄辯時，很少會不自制地亂講說話。鼓勵別人去輕率談論心靈體驗，就是教唆他們去干犯第三誡——〔"勿以汝之上帝耶和華之名妄言"〕。對日本人而言，向混雜的聽眾以最神聖的語言講述內心最私人的體驗，的確十分刺耳。某個青年武士在日記中寫道："你有感受到靈魂的土壤被微妙的思想撼動嗎？是時候讓種子萌芽。不要用言語妨礙它。讓它靜靜地、秘密地獨自行動吧。"

費許多唇舌來發表個人內心深處的思想和感情——特別是與宗教有關的——在我國國民看來，是發表的人既不深邃，也不真誠的明確標誌。流行的諺語說："開口則見腸，其唯石榴乎。"

在情緒受觸動的瞬間，我們為了隱藏情感而緊閉雙唇，完全不是甚麼乖僻的東方思維。正如一位法國人〔塔列朗（Charles Maurice de Talleyrand-Périgord）〕所言，語言常常是我國國民"隱藏想法的技術"。

當你探訪一位身陷最深痛苦之中的日本朋友時，他會帶着通紅的眼圈或濡濕的面頰，卻仍然表現得和平常一樣，泛着笑容來迎接你。起初你也許會以為他是歇斯底里。假如一定要他加以解釋的話，大概會得到兩三句片斷的俗套話："人生多憂愁"、"相會者常離"、"生者必滅"、"數算亡兒的年齡雖是愚癡的，但女人的心常沉溺於愚癡"，如此等等。因此，遠在尊貴的霍亨索倫家族（Hohenzollern）道出的那句"要學會不吭一聲地忍耐下去"的高尚的話之前，我國國民中就有很多人對此有共鳴了。

實際上，日本人在人性軟弱一點上遇到最嚴酷的考驗時，有經常做出笑顏的傾向。我認為，關於我國國民的笑癖，有着比德謨克里特（Democritus）本身更充分的理由。因為我國國民最經常在遇上逆境困擾時歡笑，作為遮掩努力恢復內心平衡的帷幕。它乃是悲哀或憤怒的平衡錘。

由於經常要這樣抑制感情，他們便在詩歌中尋找安全閥。十世紀時一位詩人〔紀貫之〕寫道："不論在日本還是中國，當人們被憂傷撼動時，他們會選擇以詩歌抒發哀愁。"一位母親〔加賀之千代〕想着死去的兒子，想像他不在眼前就是因為他出去追撲蜻蜓，她試圖這樣來安慰自己受傷的心靈，她吟道：

追撲蜻蜓的你，

今天要走到哪裏呀！

我不再舉其他例子了。因為我知道，如果把這些嘔心瀝血從胸中一點一滴地擠出來、穿在價值連城的珍珠線上的思想翻譯成外文的話，反而會糟蹋了我國文學中的字字珠璣。我只希望，把那種表面上每每表現為冷酷無情，或者似乎摻和着笑容與憂鬱的歇斯底里，有時甚至令人懷疑其神智是否健全的我國國民的內心構造，在某程度上表現出來。

有人會說，我國國民所以能夠忍受痛苦而且不怕死，是由於神經不敏感。這在一定程度上是有可能的。下一個問題："為甚麼我國國民的神經緊張程度較低呢？"或許是因為我國的氣候不像美國那樣使人刺激。或許因為我國的君主政體不像奉行共和制的法國人那樣使國民興奮。或許因為我國國民不像英國國民那樣熱心讀《舊衣新裁》(*Sartor Resartus*)。我個人認為，是由於我國國民較容易激動又多愁善感的緣故，以使不斷屬行自我克制成為必要。總之，關於這個問題的任何說明，如果不考慮長年累月的克己鍛煉的話，都不會正確。

克己的修養很容易變得過分。它有時會壓抑心靈的活潑思潮。它有時會扭曲率真的天性使之變成偏狹和畸形。它有時會產生頑固、培養偽善、鈍化感情。任何高尚的德行也會有它的反面，有它的贋品。我們在各種德行上，必須認識各自正面的優點，追求其積極的理想形象，而克己的理想形象，按照我國國民的表現來說，就在於保持心境平靜，或者借用希臘語來說，就是達到德謨克里特稱為至高至善的平穩境界。

我們下面來考察一下自殺及復仇的制度。前者是克己所能達到的頂點，而且是最好的體現。

第十二章

自殺及復仇的制度

關於這兩個制度（前者日文為切腹，後者為討敵），許多海外作者都已比較詳細地論述過。

首先説自殺。預先説一下，我把考察範圍限定於切腹或剖腹，即俗話所説的剖肚子。它意味着用刺開腹部的辦法來自殺。"刺開肚子？多麼愚蠢！"——乍聽到這個詞語的人可能會這樣驚叫。這在外國人聽來，最初也許認為愚蠢而奇怪，但對研究過莎士比亞的人説來，理應不足為奇。莎士比亞借布魯圖（Brutus）的口説過："你（凱撒）的魂魄顯現出來，把我的劍反過來刺進我的腹部吧。"再有，請聽聽一位現代英國詩人在他的作品《亞洲之光》（*Light of Asia*）中吟詠道，劍刺穿了女王的腹部——可是，沒有任何人責備他粗野的英語或者説他違反禮儀。或者，再舉另外一個例子，請看在日內瓦羅薩宮裏，古爾基諾（Guercino）畫的關於伽圖（Marcus Porcius Cato）之死的作品吧。讀過愛迪生（Joseph Addison）讓伽圖詠唱絕命歌的讀者，大概不會嘲諷那把深深刺進他腹部的劍吧。在我國國民的心中，這種死亡的方式會讓人聯想到最高尚的行為以及最動人的哀情，因此，我們對切腹的觀念並不會伴隨任何厭惡感，更遑論任何嘲諷了。德行、偉大、安詳的轉化能力令人驚嘆，它使最醜惡的死亡形式帶有崇高的特質，並使它變成新生命的象徵。不然的話，君士坦丁大帝所仰望的標誌〔十字架〕就不會征服世界了吧。

　　切腹之所以在我國國民心目中沒有半點不合理的感覺，並不僅是因為聯想到其他事情。之所以特意選擇身體這個部位來切開，乃是基於古代解剖學以這裏為靈魂和愛情歸宿之處的信念。摩西曾記下，"約瑟為其弟而（心）腸如焚"〔《創世記》43:30〕；或大衞向主祈禱別忘了他的腸子〔《詩篇》25:6〕；或以賽亞、耶利米以及其他古代的先知說過腸"鳴"〔《以賽亞書》16:11〕或腸"痛"〔《耶利米書》31:20〕，這些都印證了那種在日本人中間流行的、靈魂寓於腹部的信仰。閃族人（The Semites）常把肝、腎及其周圍的脂肪當作感情和生命的寓所。雖然"腹"這個詞語的意思，比希臘語的 phren 或 thumos 的範圍要廣泛，但是，日本人也同希臘人一樣，認為人的靈魂寓於這一部分的某處。這種想法決不僅僅限於古代民族。儘管法國最優秀的哲學家之一笛卡兒提出了靈魂存在於松果腺的學說，但儘管生理學上 ventre〔腹部〕的意思很清楚，但法國人今天仍然把這個詞語用作〔勇氣的意思〕。同樣，法語的 entrailles〔腹部〕也解作感情、憐憫的意思。這種信仰並不是單純的迷信，比起把心臟作為感情中樞的一般觀念還更科學。日本人不需要向修道士打聽就能比羅密

歐更清楚知道："在這個臭皮囊的哪個醜惡部位藏着人的
名字"。現代神經學專家談論所謂腹部腦髓、腰部腦髓，
提出這些部位的交感神經中樞，通過精神作用能感受到強
烈刺激的學說。這種精神生理學說一旦得到承認，就容易
構成切腹的邏輯了。"我準備打開我的靈魂寶庫，展示給
您看。您來看看它是污濁的還是清白的吧？"

切莫誤會我主張在宗教上或道德上贊同自殺。不過，
高度重視名譽的念頭，就對許多自絕生命的人提供了充分
的理由。

> 當喪失名譽時，唯有死是其解脫，
> 死是擺脫恥辱的可靠的隱避所。

多少人對加思（Sir Samuel Garth）的詩歌所表達的感
情抱有同感，並欣然將其靈魂交與幽冥啊！在牽涉名譽
問題時，武士道接受以死亡作為解決許多複雜問題的關
鍵。因此，富有野心的武士毋寧認為，自然死亡是沒有志
氣的事，並非一種熱心追求的死亡方式。我敢説，許多善
良的基督徒，如果他們足夠誠實的話，對於伽圖（Cato）、
布魯圖（Brutus）、佩特羅尼厄斯（Petronius），以及其他許
多古代偉人自我了結生命的崇高態度，即使不會積極讚
賞，也會坦言感到有魅力吧。如果説哲學家的鼻祖〔蘇格
拉底〕之死是半自殺的話，難道是言過其實嗎？我們通過
他弟子的描述便能詳細了解到，他儘管有逃掉的可能性，

但卻主動地服從國家在道德上錯誤的命令，他親手拿毒藥杯，甚至還灑了幾滴毒液來祭奠神靈時，難道我們從他整體行動和態度中，看不到這是自殺行為嗎？這時，並沒有像通常行刑時的肉體強制。沒錯，審判官的判決是強制性的，判決說："你必須死 —— 而且應自行了結生命"。如果說自殺僅僅意味着自行了結生命的話，那麼蘇格拉底的情況顯然是自殺。但是，沒有任何人會用此來控告他。厭惡自殺的柏拉圖，也不願意稱他的老師為自殺者。

　　讀者當已了解切腹並不單純是自殺的過程。它是法律上和禮法上的制度。自殺作為中世紀的發明，它是武士用以抵罪、悔過、免恥、贖友，或者自證忠實的方法。當它作為一種法律刑罰時，竟用莊嚴儀式來執行。那是經過洗練的自毀，任何人沒有感情上極端的冷靜和態度上的沉着也不能實行自殺。因為這些緣故，它特別適用於武士身上。

　　即便僅僅出於考古的好奇心，我也想在這裏描述一下這個現已被廢除的儀式。不過，由於已有一位更有能力的作者做過這個描繪，但今天讀過他的書的人畢竟不多，因而我想在這本書中摘引該書較長的一段。米特福德（Algernon Bertram Freeman-Mitford）在他的著作《舊日本的故事》（*Tales of Old Japan*）中，從一本日本罕見的文獻中譯載了有關切腹的理論，他還描寫了一個親眼目擊切腹的實際例子。

我們（七個外國代表）跟隨日本見證人進入要執行儀式的寺院正殿。內裏的景象森嚴。正殿的屋頂很高，由黑色的木柱支撐着。從天棚上懸垂着寺院所特有的巨大金色燈籠和其他裝飾，顯得金光燦燦。在高聳佛壇前面的地板上，安設了一個三、四寸高的座席，鋪着美麗的白色新榻榻米，並攤放着紅色的毛毯。高高的燭台以相等間隔擺放着，射出了昏暗的神秘光線，僅足夠看到整個處刑過程。七個日本人坐在高座的左邊，七個外國人坐在右邊。此外並無其他人在場。

在不安的緊張中等待了幾分鐘後，瀧善三郎身穿着麻布禮服走進了正殿。他是一個三十二歲，器宇不凡的魁梧男子漢。他由一個斷頭人[1]和三個身穿金色刺繡無袖單衣的官員陪伴着。必須知道，所謂斷頭人這個詞語，並不等同於英語中的 executioner（行刑人）。這個任務是紳士的職份，多數是由罪人的親屬或友人來執行，兩者之間與其說是罪人和行刑人的關係，毋寧說是主角和服侍者的關係。這一次，斷頭人是瀧善三郎的弟子，由於他的劍術高明，瀧善三郎的幾位友人就挑選了他。

瀧善三郎，斷頭人跟隨其左，兩人慢慢地走到日本見證人那邊，兩人一道向見證人行禮，然後走近外國人這

1　原文為"介錯"（斷頭人），是在切腹自殺時幫助切腹者割下頭顱的人。——譯者

邊，以同樣的、恐怕是更鄭重的態度行禮。每次他們都被報以恭敬的答禮。瀧善三郎靜靜地、滿有尊嚴地登上了高座，在佛壇前跪拜了兩次，然後背向佛壇端坐[2]在毛毯上，斷頭人則蹲在他的左側。三個官員中的其中一個，不久就把用白紙包着的脅差放在三寶 —— 這是一種向神佛上供時用的帶座方木盤 —— 上，走到前面。脅差就是日本人佩帶的短刀或匕首，長九點五寸，其刀尖和刀刃像剃刀一般鋒利。這個官員向瀧善三郎行了跪拜禮之後就把物品遞給了罪人，他恭恭敬敬地接過來，用雙手將它一直舉到頭頂上，然後放在自己面前。

再次鄭重行禮之後，瀧善三郎以痛苦招認者可能有的那種感情和猶豫的聲線，但神態度卻無絲毫變化下說道：

'敝人只一個人，莽撞地下達了向神戶的外國人開槍的命令，看到他們逃跑，又命令開槍。敝人現在負其罪責，謹切腹。懇請在場各位見證。'

再一次行禮後，瀧善三郎把上衣褪到繫帶那裏，裸露到腰部。為了不致向後仰面倒下，他按照慣例，小心地將兩個袖子披進膝蓋下面。這是因為高貴的日本武士必須向前伏下而死。他沉思一會堅定地拿起放在面前的短刀，好像喜愛得依依不捨似地注視着它，看來暫時在集中臨

2　端坐是一種日本的方式，即膝蓋和腳趾接觸地面，身體則坐在腳跟上。
　　這是一個受尊敬的姿勢，他在這個位置上一直坐到死為止。—— 作者

終的念頭，但很快便把短刀深深地刺入左腹，慢慢地拉向右腹，再拉回來，稍微向上一劃。在這非常痛苦的動作中間，他的面部肌肉一動也不動。當他拔出短刀後，他身子屈向前面，伸出了脖子。痛苦的表情這才掠過了他的面部，但他並沒有發出半點聲音。直到此時一直蹲在他旁邊紋絲不動地注視着他一舉一動的斷頭人，不慌不忙地站了起來，轉瞬間高高揮起大刀。刀光一閃，咔嚓一聲噗咚倒下，一擊之下便身首異處了。

場上是死一樣的寂靜，只聽見從我們面前的屍首內咕嘟咕嘟湧出的血液聲。這個頭顱的主人直到剛才仍是一個勇猛剛毅的男子漢啊！真可怕。

斷頭人匍匐行禮，取出預先準備好的白紙擦乾了刀，從高座走了下來。那把血染的短刀作為行刑的證據被莊嚴地拿走了。

之後，兩個朝廷官員離開他們的座位來到外國見證人面前，指出瀧善三郎的處刑已乾淨俐落地執行了，請去驗證。儀式就此結束，我們離開了寺院。

我國的文學或目擊者敍述中，描寫切腹的情景不勝枚舉。現在只要再舉一個實例就足夠了。

左近和內記是兩兄弟，哥哥二十四歲，弟弟十七歲，為了報父仇企圖殺死德川家康，但他們剛悄悄進入軍營便被捕了。老將軍讚賞這兩位敢來刺殺他的青年人的勇氣，下令讓他們以光榮的方式去死。由於決定處死全家的男丁，當時才不過八歲、家中最小的弟弟八麿也要以同樣方法行刑。於是，他們三人被帶到一座用作行刑的寺院。一個當時在場的醫生寫下了日記，記述了當時的情景：

當他們並排坐在待死的席位上時，左近面向幼弟說：'八麿，你先切腹吧，讓我肯定你切腹時沒有切錯。'幼弟答道，他還未見過切腹，等看哥哥做的樣子，自己再仿效來做。哥哥們含淚微笑說：'你說得好，剛強的小傢伙，不愧是父親的兒子。'八麿被安排坐在兩個哥哥中間，左近將刀扎進左腹，說：'弟弟，看着，懂得了吧？切得太深了，就會向後倒，把雙膝跪好向前俯伏。'內記也同樣地一面切腹一面對弟弟說：'眼睛要睜開，否則就像女人的死臉了。即使刀尖停滯了，或氣力鬆弛了，還要鼓起勇氣雙倍用力把刀拉回來。'八麿看到哥哥所做的樣子，在兩個人都嚥氣之後，便鎮靜地脫去了上身衣服，照着左右兩位所教的樣子漂漂亮亮地完成了切腹。

既然把切腹當作一件光榮的事，對它的濫用自然就生不少誘惑。為了一些完全不符合道理的事情，或者為了一些根本不值得去死的理由，有些頭腦發熱的青年，就像飛蛾撲火那樣栽進去死。因混亂而且曖昧的動機驅使武士去切腹，要比驅使尼姑進入修道院還要多。生命是不值錢

的 —— 按世人的名譽標準來衡量是不值錢的。最可悲是
名譽常常被打折扣，即不是純金，常常滲進了劣等金屬。
在但丁（Dante）的《地獄》（Inferno）裏描寫的，放置自殺
者的第七圈中，沒有誰可以誇耀勝過日本人的人口密度吧。

　　然而，對真正的武士說來，急於赴死或以死求媚同樣
是卑怯的。一位典型的武士，在他屢戰屢敗，從野地被趕
到深山，從森林被追趕到洞穴，飢腸轆轆，孑然一身潛藏
於陰暗樹窟之中，刀刃缺了，弓折矢盡之時 —— 這不也
正是那最卓越的羅馬人〔布魯圖〕在菲利皮（Phillippi）以
刀自刎之時嗎？ —— 認為死去是卑怯的，卻以近乎基督
教殉教者的忍耐，即興吟詠詩句來勉勵自己：

　　來吧！更多憂傷的事，
　　儘管在這上面堆積吧！
　　將考驗我自己力量的極限！

　　這才是武士道所教導的 —— 以忍耐和純正的良心來
抵禦一切災禍、困難，並且要忍受它。這正如孟子所說：
"故天將降大任於斯人也，必先苦其心志，勞其筋骨，餓
其體膚，空乏其身，行拂亂其所為，所以動心忍性，曾益
其所不能。[3]"真正的名譽是執行天之所命，為此而招致

---

3 《孟子·告子下》。 —— 譯者

死亡，也決非不名譽。反之，為了迴避天之所授而死去則完全是卑怯！在托馬斯·布朗爵士（Sir Thomas Browne）的奇書《醫學宗教》（*Religio Medici*）中，有一段與我國武士道反覆教導的完全一致的英文段落。且引述一下："蔑視死亡是勇敢的行為，然而在生存比死亡更可怕的情況下，敢於活下去才是真正的勇敢。"一位 17 世紀有名的祭司說過一句諷刺的話 ——"儘管平素或會談及死亡，但從不想過去死的武士，在關鍵時刻便會躲逃起來。"還有，"一旦內心決定去死的人，不論是真田幸村的槍還是源為朝的箭都不能穿透他。"這些話不正正表明我國國民已很接近教導"為我而失去生命者得救了"的大建築師〔耶穌基督〕的廟堂大門了嗎？儘管有些人努力嘗試盡量擴大基督教徒和異教徒之間的差別，以上只不過是證實人類道德認同的大量例證中兩三個例子罷了。

這樣我們便可看出，武士道的自殺制度，並不如乍看它的濫用時一樣，那麼的不合理和野蠻。我們再來看看從它派生的姊妹制度報復 —— 或者也可稱為報仇 —— 制度中，是否也有甚麼緩和的質素。我希望可以用三言兩語來處理這個問題。因為同樣的制度 —— 或者稱之為習俗也可以 —— 曾經在所有民族中流行過，而且直到今天也並沒有過時，這從繼續進行決鬥和私刑上便可得到證明。最近不是有一個美國軍官為了替德雷弗斯報仇，而向埃斯特哈齊提出決鬥了嗎？正如在一個沒有實行結婚制度

的未開化種族中，通姦是無罪的，只有其情人的嫉妒才使
女子免於被虐一樣，在沒有刑事法庭的時代，殺人並不算
犯罪，而只有被害人親屬的蓄意復仇，才能維持社會的秩
序。奧賽里斯（Osiris）問荷魯斯（Horus）："世上最美的
事物是甚麼？"他的回答是："為父報仇"—— 對此，日
本人會加上："為主君報仇。"

復仇中有着足以滿足人們正義感的東西。復仇者的
邏輯是這樣的："我善良的父親不值得死。殺他的人是幹
了大壞事。我的父親如果還活着的話，不會寬恕這樣的行
為。上天也憎恨惡行。使做壞事者不再作惡，是我父親的
意志，也是上天的意志。他必須靠我的手來解決。因為他
讓我父親流血，我作為父親的骨肉，必須使殺人者流血。
我與他有不共戴天之仇。"這個邏輯既簡單又幼稚（雖然
我們知道，哈姆雷特（Hamlet）也沒有作出更深的邏輯推
敲）。儘管如此，這表現了人類天生的精確平衡以及平等
正義感 ——"以眼還眼，以牙還牙。"我們的復仇感覺有
如數理方面的能力一樣準確，直到方程式兩端相等為止，
總免不了感到還有事尚未完成。

在相信有嫉妒之神的猶太教，或者在有涅墨西斯[4]的
希臘神話中，可以把復仇託付給神的力量。但是常識卻為
武士道提供一個復仇制度，以作為一種倫理的公正法庭，

4　涅墨西斯（Nemesis）是希臘神話中的復仇女神。—— 譯者

使那些按照普通法律無法審判的案件，可以通過這個制
度來仲裁。四十七個武士的主君被判死刑，他並沒有可
以上訴的上級法院，他忠義的家臣們就訴之於當時僅有
的唯一最高法院 —— 復仇。而他們卻根據普通法律被定
了罪 —— 但是，大眾的本能卻作出了另一個判決，因此，
他們的名字，與他們在泉岳寺 [5] 的墳墓，至今猶永葆其常
青和芬芳。

老子雖然教導以德報怨，然而孔子教導以義〔直〕報
怨的聲音卻遠比老子響亮。 —— 不過，復仇被認為只有
是為了長輩或恩人來做時才是正當的。對於個人的仇，
包括妻子或者兒女所受的傷害，則應容忍而且寬恕。因
此，我國的武士完全同情聲言要報祖國之仇的漢尼拔
（Hannibal）的誓言，卻輕蔑詹姆士·漢密爾頓（James
Hamilton）在腰帶中攜帶着從妻子墳墓取來的一把土，作
為向攝政王默里（Regent Murray）報其妻之仇的永恆激勵
的做法。

切腹和復仇這兩個制度，隨着刑法法典的頒佈都失去
了存在的理由。再也聽不到美麗的少女喬裝去追蹤殺害
父母親的仇人般羅曼蒂克的冒險故事。再也看不見襲擊

5　泉岳寺，曹洞宗的寺廟，在東京都港區芝高輪，寺內有赤穗四十七義
　　士墓。 —— 譯者

家族仇敵的悲劇。宮本武藏[6]的遊俠經歷現已成往昔的故
事。紀律嚴明的警察為被害者搜索犯人，法律將滿足正義
的要求。整個國家和社會都在匡正非法行為。由於正義
感已得到滿足，那就無需再復仇了。如果復仇如同一位新
英格蘭神學家所評論那樣，只不過意味着"一種想要用犧
牲者鮮血來滿足飢餓慾望的內心渴望"的話，那麼刑法法
典中所寫的那幾條，大概就可以把它根絕了吧？

　　關於切腹，制度上雖已不復存在，但我們仍不時聽到
這種行為。而且，只要我們還記得過去，恐怕今後還會聽
到它。如果看到殉道者以驚人的速度在全世界不斷增加
的話，那麼許多無痛而又不費時的自殺方法也許會流行
起來。然而，莫塞里教授（Professor Henry Morselli）在眾
多自殺方法中，將不得不給予切腹一個貴族地位。他主張
說："自殺在豁出以最痛苦的方法、或長時間的苦楚來實
行時，在一百例中就有九十九例可以歸之於偏執狂、瘋
狂，或病態興奮的神經錯亂行為。"[7] 然而正規的切腹卻
不存在偏執狂、瘋狂或興奮的片鱗半爪，其成功實行需要
極度的冷靜。斯特拉罕博士（Dr. S. A. K. Strahan）把自殺
劃分為合理或者疑似的，和不合理或者真實的兩類[8]，而

6　宮本武藏（1584-1645），江戶初期的劍客。——譯者
7　莫塞里（Henry Morselli）:《自殺論》（Suicide），第 314 頁。——作者
8　斯特拉罕（S. A. K. Strahan）:《自殺與瘋狂》（Suicide and Insani-
　　ty）。——作者

切腹就是前一類型的最好例子。

　　無論從這些血腥的制度，或者從武士道的一般傾向來看，也可以容易推斷，刀在社會紀律和生活上佔據了重要地位，故有一句格言稱刀是"武士之魂"。

第十三章

刀 —— 武士之魂

　　武士道把刀當作力量和勇敢的象徵。當穆罕默德宣言"刀乃是天國與地獄的鑰匙"時，這只不過是日本人感情的回響罷了。少年武士從小時候就開始學習使用刀。年滿五歲時，孩子就穿上全副武士服裝，站立在圍棋棋盤上，通過腰間佩上真刀來代替原來的玩具小刀，他這才首次被承認其武士資格，而對他來說，這是個重要的時刻。在這個進入武門的初始儀式結束之後，如果他不帶着這個彰顯其身份的象徵，就出不了父親的家門。不過日常佩帶的是以一把塗上銀色的普通木刀作為代替，但過不了幾年就棄掉假刀，佩帶雖然是鈍的，卻是真的刀，而且帶着比新到手的刀還要激烈得多的喜悦走出門外，在樹木和石頭上試驗它的利刃。當達到十五歲便成年了，到了允許自由行動的時候，他就能夠以擁有銳利得足以勝任任何工作的刀而感到自豪了。擁有這樣危險的凶器，賦予他以自尊和負責任的感受和態度。"佩刀並不是為了削皮。"他佩帶在腰帶上的東西，也就是佩帶在內心的東西 —— 是忠義和名譽的象徵。那大小兩把刀 —— 長刀和短刀，分別稱為刀和"脅差" —— 決不離開他的身邊。在家的時候，刀會裝飾書房、客廳中最顯眼的地方，夜裏則守在武士的枕頭，放在手輕易拿到的地方。刀作為經常的夥伴受到珍愛，並起了個固定的名字加以昵稱，尊敬得幾乎近於崇拜。史學之祖〔希羅多德（Herodotus）〕曾經記載了一則塞西亞人（Scythians）向鐵製偃月刀獻祭的奇聞，在日本，許多神社和許多家庭中，都珍藏着作為崇拜對象的刀。對於最常見的短刀也要給予適當的尊敬。對刀的侮辱被視為對刀的主人的侮辱。一不小心跨過躺在地上的刀的人，就會災禍臨頭！

　　這樣貴重的物品，不可能長期避免工藝家的注意和手藝，以及刀的主人的虛榮心。在佩帶刀只是像主教的權杖或國王的權笏那樣的昇平時代尤其如此。刀柄纏上鮫皮、絹絲，護手鑲嵌金和銀，刀鞘塗上各種顏色的漆，就削減了這把最可怕的武器的一半威力。但這些裝飾比起刀鋒來說，只是玩具罷了。

　　刀匠不僅是工匠，而是賦有靈感的藝術家，他的作坊就是聖殿。每天他以齋戒沐浴來開始其手藝，或者所謂"他把其靈魂及精神都灌注到鋼鐵鍛冶之中。"每一次掄捶、淬火、用磨石研磨，都是嚴肅的宗教儀式。我們的刀劍之所以帶有陰森之氣，或許是因為加入了刀匠的靈魂或者他守護神的靈魂。刀作為藝術品是完美的，使托萊

多（Toledo）和大馬士革（Damascus）的名劍 [1] 都瞠乎其後，
而日本的刀更是超乎藝術所能賦與的東西。它那冰冷的
刀刃，一抽出來便立即使大氣中的水蒸氣凝聚在它表面；
它那潔淨無瑕的紋理，放射青色的光芒；在它那無與倫比
的刀刃上，懸掛着歷史和未來；它背面的曲線把最卓越的
美態和最強大的力量結合在一起 —— 所有這一切，以力
與美、敬與畏相摻混的感情刺激着我們。假如它僅僅是
一件美麗和愉快的器具，那麼它的用途將是無害的！然
而，它經常放在伸手可及的地方，因此就有極大的誘因濫
用它。刀身從和平的刀鞘中一閃而出的事實在太頻繁了。
甚至有時竟用無辜者的頭顱來試驗新到手的刀，濫用武士
刀的極致莫過於此。

　　不過，我們最關心的問題乃是 —— 武士道允許不分
青紅皂白地使用刀嗎？答案是斷然否定！武士道對刀的
正當使用看得至關重大，它對濫用刀也痛恨並予以譴責。
在不適當場合揮刀的人，被稱為懦夫或吹牛大王。穩重篤
實的人知道哪時是用刀的正確時刻，這樣的時刻極少碰
到。已故的勝海舟伯爵是一位歷經我國歷史上最動盪時
期之一的人，當時暗殺、自殺和其他血腥事件已成常態。
他一時間曾被委以近乎獨裁的權力，遂多次成了暗殺對
象，但他卻決不讓血玷污自己的刀。他曾以其獨特的平民

1　Toledo 的劍和 Damascus 的鋼，在歐洲是出名的。—— 譯者

口氣對一位友人敍述過某些回憶，其中有這樣的話："我極其厭惡殺人，所以從未殺過一個人。那些本應殺頭的人我全都放跑了。有一位朋友〔河上玄哉[2]〕教導我說：'你不太殺人，那怎麼成。南瓜也好，茄子也好，你都摘下來吃吧。有些人就和南瓜、茄子一樣！'他這個傢伙可真厲害，可是他卻被殺。我之所以能逃脫，也許是因為我不殺無辜。我把刀牢牢地繫住，決不輕易拔出來。就是被人砍了，我也決心不去砍人。是的，是的！有些傢伙就當作是跳蚤和蚊子好了，它們咬你幾口，只是癢癢而已，不會危及性命。"〔《海舟座談》〕這些都是一個武士在艱難和勝利的熔爐中，經過武士道考驗的人所說的話。有句"失敗就是勝利"的諺語，它意味着真正的勝利在於不抵抗暴敵之中。也有不流血而取勝才是最好的勝利。"之說。另外還有些意思相同的諺語，都表明畢竟和平就是武士道最終的理想。

可惜，這個崇高的理想卻專門讓給了祭司和道德家們去宣講，而武士則以練習及讚賞武藝為宗旨。因此，他們竟使女性的理想形象也帶上強悍的性質。以下，我們將騰出若干篇幅來談談婦女的教育及其地位的問題。

2　河上玄哉（1834-1871），幕府末期尊攘派志士，熊本藩武士，因參加叛亂被處死。——譯者

第十四章

婦女的教育及其地位

佔人類一半數目的女性，往往被稱為矛盾的典型代表，因為女性內心的直覺構造超出了男性"算術悟性"的理解力的範圍。中國表意文字中，表示"神秘"或"不可知"的漢字"妙"字，就是由意味着"年輕的""少"字，和"女"字組成的。因為女性的肉體美和纖細的思想，不是男性粗獷的心理能力所能解釋清楚的。

可是，在武士道中的理想女性卻沒有神秘之處，其矛盾也只是表面上的。我說過理想的女性形象是強悍的女子，但這不過是一半正確。表示妻子的漢字"婦"這個字，意味着手持笤帚的女人 —— 這當然不是為了對她的配偶進行攻擊，或為了防衛而揮舞它，也不是為了施妖術，而只是為了笤帚最初發明出來時的那個無害的用途 —— 這樣，它所包含的意思，是與英語從紡織者（weaver）這個語原發展來的妻（wife）這個詞語；以及從擠牛奶者（duhitar）這個語原發展來的女兒（daughter）這個詞語一樣，都是與家庭有關的。德國皇帝把婦女的活動範圍限制在廚房（Küche）、教堂（Kirche）和孩子（Kinder）之間，而武士道的理想女性雖未限於這三者，卻非常具有家庭性質。這個家庭性質與強悍性格乍看起來似乎是矛盾的，但在武士道看來並非不可調和，以下就來論證一下。

武士道本來是為男性而制定的教條，它所看重的婦女德行，當然遠遠脫離女性的現實。溫克爾曼 [1] 說："希臘藝術最高的美，與其說是女性的，毋寧說是男性的。"萊基（William Lecky）對此補充說，這一點從希臘人的道德觀念來看，也如同藝術一樣，是千真萬確的。同樣，武士道最讚賞的，是那些"從性別的脆弱中解放自己，發揮出足以與最剛強、而且最勇敢的男子相媲美的剛毅不屈"的婦女。[2] 因此，少女所受的訓練包括：抑制感情、強化神經、遇到意外事變時運用武器 —— 特別是使用長柄刀來維護自身尊嚴。不過，練習這種武藝的主要動機並不是為了在戰場上使用，而是為了自身和家庭這兩個動機。女子如沒有自己的主君，就要保護自己的身體。女子用這個武器來維護自己身體的聖潔，其熱忱有如丈夫維護其主君的身體一樣。她的武藝在家庭上的用途，有如以下所說，在於教育孩子。

劍術及其他類似的武藝，即使婦女很少付諸實用，卻對習慣跪坐的婦女具有保健的輔助效用。然而，練習這

1　溫克爾曼（Johann Winckelmann, 1717-1768），德國考古學家、美術史家。著有《古代美術史》（History of Ancient Art）。—— 譯者

2　萊基（William Lecky）:《歐洲的道德史》（History of European Morals），第 2 卷，第 383 頁。—— 作者

些武藝並非只是出於健康的目的，在有需要時也能夠實際使用。女孩子一旦成年，人們便會授給她一柄短刀（懷劍），用以刺進襲擊者的胸膛，或者根據情況刺進自己的胸膛。後者的情況實際上經常發生。但是，我並不想嚴厲地批評她們。即使是厭惡自殺的基督徒，應該也不會苛責她們，因為佩拉基婭（Pelagia）[3] 和多明尼娜（Domnina）這兩個自殺的婦女，也因着她們的純潔和虔誠，而被列為聖徒。當日本的維吉尼亞（Virginia）[4] 看到自己的貞操瀕臨威脅時，她並不等待她父親的劍，她自己的武器已經常放懷裏。對自戕做法的無知乃是她的恥辱。比如說，她雖然沒有學過解剖學，但卻必須知道刺咽喉的甚麼地方才算正確；由於死時痛苦很劇烈，為了肢體的姿勢不致走樣，必須知道如何用帶子縛好自己的膝蓋。這樣地注意儀容，難道不應與基督徒珀佩圖亞（Perpetua），或者聖童貞女科妮

---

3 基督教殉教者。四世紀初，羅馬皇帝迫害基督教，年僅十五歲的佩拉基婭為保其貞潔自房頂跳下自殺。——譯者

4 傳說古羅馬的政治家阿彼烏斯・克勞狄烏斯（Appius Claudius，前五世紀人，十二銅表立法者十人團成員之一）想霸佔美麗的少女維吉尼亞，指使他的隨從聲稱維吉尼亞是他的家婢。他不聽少女的父親維吉尼烏斯（Virginius）的請求，維吉尼烏斯便當着他和民眾面前，刺殺了女兒，維護了她的貞操。據說此事後來成為羣眾推翻十人團專制統治的原因。——譯者

莉亞（Cornelia）[5] 相提並論嗎？我之所以提出這樣直率的質問，是因為看到有些人根據我們的洗澡習慣及其他一些瑣事而抱有誤解，認為我國國民之間不懂得貞操觀念。[6] 反之，貞操是武士婦女主要的德行，她們把它看得比生命還重要。一個妙齡婦女被敵人俘虜了，她在粗暴軍人手中面臨被施暴的危險時，請求如果允許她先給因戰爭而失散的姐妹們寫幾行字的話，就順從他們為所欲為。她寫完信之後便走向附近的水井，縱身跳下，挽救了自己的貞節。遺書以一首詩作結：

> 世路艱難，烏雲漫天，
> 山巔之月，胡不入山！

　　給讀者留下唯有男人大事是我國女性最高理想的觀念，並不公平。遠不是這樣！她們也需要藝術和雅緻的生活。她們沒有忽視音樂、舞蹈和文學的表達。我國文學上若干最優美的詩歌就是女性的感情表現。事實上，婦女在日本的純文學史上起到了重要作用。她們學習舞蹈（我

5　珀佩圖亞（Perpetua），生於非洲的基督徒婦女，因受迫害被捕，在羅馬被命令與猛獸搏鬥而殉教；科妮莉亞（Cornelia），是進入羅馬女神維斯塔宮殿作奉獻的六名童貞女之一。

6　對裸體和入浴較通情達理的解釋，參看芬克（Henry Theophilus Finck）著《日本的蓮花季》（*Lotos-time in Japan*），第 286-297 頁。——作者

說的是武士女兒而不是藝妓），是為了使生硬動作變得輕柔。音樂是為了慰藉她們父親或丈夫的鬱悶。因此，學習音樂並不是為了技巧，即為藝術本身，它的最終目的是淨化心靈。有道心地不平靜，音調自然不諧和。我們在前面談到青年人的教育時，曾說藝術經常處於從屬道德價值的地位，對於女子也有同樣的看法。音樂、舞蹈只是用來增加生活的雅致和光采就足夠了，絕不是為了培養虛榮、奢侈的風習。波斯王子有一次在倫敦被領到一個舞會上，當有人請他跳舞時，他率直而生硬地回答說，他們國家會特別安排一羣女子跳舞表演給別人看，我對這位國王表示同情。

我國婦女學習的技藝，並不是為了表演給人看、或揚名社會的。它們是家庭的娛樂。即使在社交宴席上表演這些技藝，那也是作為主婦的義務 —— 換句話說，是作為款待客人的一部分罷了。家庭主導了她們的教育。古代日本婦女學習技藝的目的，不論是武藝還是文藝，可以說主要就是為了家庭。她們無論離家多遠，決不會忘記以爐灶為中心。她們為了保持家庭的名譽和體面，而辛勤勞動，捐棄生命。她們日以繼夜以剛強而又溫柔、勇敢而又哀婉的音調，為自己的小家庭詠唱。她們作為女兒為了父親，作為妻子為了丈夫，作為母親為了兒女而犧牲自己。這樣，從幼年時起，她們就學會否定自己。她的一生並不獨立，而是從屬、奉獻的一生。作為男人的助手，如果她的存在有用，她就與丈夫一道站在前台，如果妨礙丈夫工作，她就退到幕後。當一個青年愛上了一個少女，後者也以同樣的熱戀來回報他的愛，但若看到青年因迷戀她以致忘記自己的責任時，少女便會毀傷自己的美貌以圖減低自己的魅力，像這樣的事並不罕見。武士女兒們所嚮往的理想妻子形象名為"吾妻"，當她發現自己被丈夫的仇敵愛上，而那個仇敵準備對付自己的丈夫，她便會偽裝參與其罪惡計劃，趁黑冒充丈夫，用自己貞潔的頭顱抵受那愛慕她的刺客的一劍。

　　一位年輕大名〔木村重成 [7]〕的妻子，在自殺前寫下了如下的信，大概不需要甚麼註釋：

　　我聽說關於後世的事，上天早有計劃。共棲一樹之蔭，共飲一河之水，都是前生的緣分。自從兩年前結下偕老之盟，我便想如影隨形地追隨左右。近來聽說你要參與人生中的最後決戰，要向我送上離別的祝福。我聽說中國有個項王，是蓋世的勇猛武士，雖然戰敗，卻因虞姬而依依不捨。勇敢的木曾義仲 [8] 在與妻子訣別時也難分難捨。因此，就讓活着已經絕望的我至少向現在還活着的您致以最後的問候吧，我在黃泉路上等候您。願您千萬別忘了秀

7　木村重成（?-1615），安土桃山時代的武將。—— 譯者
8　木曾義仲（1154-1184），即源義仲，平安末期的武將。—— 譯者

賴公 [9] 多年來對我們山高海深的鴻恩。

女人為其丈夫、家庭以及家族而捨棄自身,有如男人為主君和國家而捨棄自身一樣,是歡欣而堂堂正正地去捨己的。沒有自我犧牲,甚麼樣的人生之謎也無法解決,它是男人忠義的關鍵,也是女人家庭屬性的基礎。女人並不是男子的奴隸,正如她的丈夫也並不是封建君主的奴隸一樣。女人擔負的角色是內助,即"在內側的幫助"。站在逐級奉獻的階梯上,女人為了男人捨棄自己,男子由此得以為主君捨棄自己,主君也由此順從天命。我知道這個教誨的缺點,也知道基督教比這個教誨優勝之處在於,它要求所有活着的人各自直接向造物主負責這一點。儘管如此,僅就武士道的奉獻教義而言 —— 即甚至犧牲自己去服務高於自己的目的,也就是基督教導中最偉大並構成祂使命的神聖基礎的奉獻教義 —— 武士道是建基於永恆真理的。

讀者大概不會責備我是對奴隸般的服從帶有不正當偏好的人吧。我大體上接受學識淵博、思想深邃的黑格爾所主張和辯護的見解,即歷史乃是自由的展開和實現。我想要說明的是,武士道的全部教誨,是完全浸潤在自我

9　豐臣秀賴(1593-1615),安土桃山時代的武將,豐臣秀吉的次子,木村重成的主君。——譯者

犧牲精神中的，當中沒有性別之分。因此，直到武士道的教條完全消失之前，美國那位提倡女權者所呼籲的"所有日本女人都將起來反抗古老習慣"的輕率見解，我國社會大概不會接受。這樣的反抗能夠成功嗎？它能提升女性的地位嗎？通過這樣的輕舉妄動，她們所獲得的權利，能夠彌補她們在今天所繼承的可愛性格和溫柔舉止上的損失嗎？羅馬的主婦由於喪失了家庭屬性而導致道德淪喪，不是用言語也難以表達嗎？那位美國女權者能夠肯定我國女子的反抗果真是歷史發展的必由之路嗎？這些都是重大的問題。改變一定會來，但必不會隨反抗而來！現在暫且看看，在武士道制度下的女性地位，是否真的惡劣到非要進行反抗不可。

我們聽過許多歐洲騎士獻給"上帝和淑女"的表面尊敬 —— 這兩個不協調的詞語曾使吉本（Gibbon）為之臉紅。此外，哈勒姆（Hallam）曾論述，騎士道的道德是粗野的，它對婦女的殷勤包含着邪惡的愛。騎士道帶給女性的影響，給哲學家提供了思維食糧。與基佐先生（François Guizot）認為封建制度及騎士道帶來了有益的影響不同，斯賓塞先生（Herbert Spencer）認為在軍事社會中（封建社會不屬軍事又是甚麼？）婦女的地位必然低下，只有隨着社會的產業化才能得到改善。那麼，就日本而言，基佐先生和斯賓塞先生的說法，哪一個正確呢？我可以肯定地回答說，兩者都正確。日本的軍人階級只限於人數約 200

萬的武士。其上就是軍事貴族的大名和宮廷貴族的公卿
—— 這些身份高貴、安閒舒適的貴族，只不過是名義上
的武士而已。在武士之下則是平民大眾 —— 農、工、商，
這些人專門從事和平業務。因此，赫伯特・斯賓塞所指
出的軍事型社會的特點，可以說僅僅限於武士階級，而產
業型社會的特點則適用於武士之上和之下的階級。這點
可以通過婦女的地位而得到很好的解釋。就是說，婦女
在武士中間所享有的自由最少。奇怪的是，社會階級越
低下 —— 例如在工藝師中間 —— 丈夫與妻子的地位越是
平等。在身份較高的貴族中間，兩性地位的差別也並不
顯著。這主要是因為有閒暇的貴族已經名義上女性化了，
所以突出性別差異的機會也就較少。這樣，斯賓塞的說法
在古老的日本就得到充分的例證。至於基佐的說法，讀過
他的封建社會觀的讀者大概會記得，他專以身份較高的貴
族為考察對象，因此，他的議論適用於大名及公卿。

　　如果我的話使人就武士道下的婦女地位抱有很低的
評價的話，那我就對歷史真理極之不公道。我毫不猶豫地
指出女人並未受到與男人同等的待遇。但是，只要我們還
沒有學懂分辨差別與不平等，便經常會對這個問題產生誤
解。

　　如果想到男子之間的相互平等只不過是在例如法庭，
或者是在選舉投票等極少數情況時有的話，那麼，用男女
平等的討論來煩擾自己，看來是徒勞的。美國的《獨立宣

言》説一切人都是生而平等的，但這並不是指任何精神或
肉體的能力，它只不過重複古代阿爾平 [10] 所説：在法律面
前人人平等罷了。在這種場合，法律的權利就是平等的
尺度。如果説法律是測量婦女在社會上地位的唯一天秤
的話，那麼告訴其地位的高下，就如同用磅和盎司來告訴
她的體重一樣容易了。然而，問題就在這裏 —— 有沒有
一個衡量男女之間相對社會地位的正確標準呢？把女人
的地位與男人的地位比較時，若像比較銀子與金子的價
值那樣，並用數字算出它的比率，正確嗎？這樣就足夠了
嗎？這樣的計算方法是把人類具有的最重要價值，即內在
價值，排除於考慮之外。如果考慮到男女在這世上各有其
使命時，那麼相對的能力自然不同。因此，在測量兩者地
位平等與否時，就必須用綜合性的準則。或者，如果借用
經濟學術語的話，必須是複合的標準。武士道就有屬於自
己的標準，那是雙本位的。即女人的價值要通過戰場及爐
灶來測量。女人在前者所得的評價極輕微，但在後者卻完
善。給予女人的待遇對應了這個雙重標準 —— 作為社會
政治的個體她們的評價並不高，但作為妻子和母親她們
則受到最高的尊敬與最深的愛戴。在像羅馬人那樣的軍
事性國家中間，婦女憑甚麼受到高度的尊敬呢？這難道
不是因為她們是母親（*Matrona*）嗎？婦女不是身為戰士

10 阿爾平（Ulpian, 170?-228），古羅馬法學家。—— 譯者

或立法者，而是身為母親，使羅馬人在她們面前俯首。就我國國民來說也是這樣。當父親和丈夫離家走上戰場時，操持家務就完全委託給母親或妻子了。就連孩子的教育，甚至對他們的保護，都託付給她們。我在前面所說的婦女武藝，也主要是為了能夠賢明地指導子女及跟進他們的教育。

我發現一知半解的外國人，當看到日本人通常稱妻子為"荊妻"或相類似的稱呼時，便會產生日本人輕視、不尊重妻子的膚淺見解，而這種意見頗為流行。如果告訴他們日本人還有"愚父"、"犬子"、"拙者"等等日常用語，那答案不就十分清楚了嗎？

我認為，我國國民的婚姻觀念在某些方面要比所謂基督教徒更深一層。"男女應合為一體。"盎格魯—撒克遜的個人主義從未擺脫夫妻是兩個人的觀念。所以，他們在出現紛爭時，就確認雙方有各自的權利，而在和好時，則用盡各式各樣無聊的相愛昵稱，以及毫無意義的阿諛言詞。當丈夫或妻子跟別人談及其另一半時 —— 姑且不論是好是壞 —— 是可愛、聰明、親切、這個那個等，聽在我國國民的耳裏是極不近情理的。把自己說成"聰明的我"、"我可愛的性格"等等，是良好的品味嗎？我們認為誇獎自己的妻子或自己的丈夫就是誇獎自己本身的某部分，而我國國民認為，自我讚賞至少是一種壞的品味 —— 而且我希望，在基督教國民中間也應該這樣！因為合乎體統地貶稱配偶，在武士中間是通行的習慣，所以我才離開正題來論述一番。

條頓族（Teutonic races）的種族生活是從對女性迷信般的敬畏而展開的（雖說這點在德國實際上正在消滅中！），而美國人則是在痛感其婦女人口不足的情況下展開其社會生活[11]（我擔心，現在美國的婦女人口增加了，她們殖民時代的母親所享有的特權是否正迅速消失呢？），因此，在西方文明中，男人對女人表示尊敬，就成了道德的主要標準。然而，在武士道的武藝倫理中，區分善惡的主要分水嶺則是在其他方面探求的。它位於人與自己神聖的靈魂相聯結的職務上，然後於我在本書開始部分所論述過的五倫中，與別人的靈魂相聯結的職務上。在這五倫中，我提到過忠義，即臣下與主君的關係。關於其他方面，我只不過偶爾附帶說明一下，因為這些並非武士道專有的特質。它們作為基於自然感情的東西，當然是人所共有的，雖然在幾個特殊情況，由於那是武士道的教導的關係，有可能會被強調一下。與此相關聯的，我想起了男人之間的友情更具有特殊的力量與柔情。它們常常為結拜為兄弟的盟約增添羅曼諦克的愛慕之情。而由於青年時代男女隔絕的習俗，這種愛慕之情毫無疑問地得到了

---

11 我所指的是美國從英國輸入少女，並以多少磅煙草作交換婚姻的時代。—— 作者

加強。因為這種隔絕堵塞了像在西方騎士道，或盎格魯
—撒克遜諸國的自由交往中，那種自然流露的愛情通道。
要我用日本版的第蒙與皮西厄斯 [12] 或阿基里斯與帕特洛克
羅斯 [13] 的故事來填塞篇幅並不困難，或者，我也可以用武
士道的故事來敍述不遜於大衛與約拿單 [14] 結交那樣深厚的
友誼。

　　然而，武士道所特有的道德與教誨，並不僅僅限於武
士階級，這是毫不足奇的。這個事實就使我們要趕緊考慮
一下武士道對整體國民的薰陶。

---

12 第蒙（Damon）的好友皮西厄斯（Pythias）獲罪，被僭主狄奧尼修斯
　（Dionysius）宣判死刑。第蒙請求准許皮西厄斯在行刑之前回鄉處理
　家事。在此期間第蒙主動作為皮西厄斯的替身被關在監獄裏，皮西厄
　斯果然在規定日期回來受刑。據傳，狄奧尼修斯被這兩個青年人的友
　情和信實所感動，因而赦免皮西厄斯的罪。
13 阿基里斯（Achilles）是古希臘特洛伊戰爭中的英雄，後因與阿伽門農
　（Agamemnon）發生爭執而退出戰爭。後其好友帕特洛克羅斯（Patro-
　clos）穿戴上他的武器甲胄代替他參戰，打退了特洛伊軍，卻被赫克特
　（Hector）所殺。阿基里斯聞訊趕回，在與赫克特交戰中殺死了對手為
　好友報了仇。阿基里斯重友情，始終不渝的精神受到人們稱讚。
14 大衛在侍奉以色列王掃羅（Saul）時，與其子約拿單（Jonathan）結為
　莫逆之交，後聽到約拿單在與非利士人作戰中被殺後，曾作了《弓歌》
　來弔唁。

第十五章

武士道的薰陶

　　武士道的美德遠遠高出我國國民生活的一般水平之上，我們只不過考察了這個山脈中幾個更為顯著山峰罷了。正如太陽升起時，先染紅最高峰的山巔，然後逐漸地將它的光芒投到下面的山谷一樣，先照耀着武士階級的倫理體系，在經過一段時間後才從人民大眾當中吸引了追隨者。民主主義立起天生的王者作為其領袖，貴族主義則把王者的精神注入到民眾中去。美德的感染力並不遜於罪惡的傳染性。愛默生説："同伴之中有一個賢人就行，果爾所有人便都變成賢良。感染力就是這樣迅速。"任何社會階級都無法抗拒道德感染的傳播力。

　　儘管如何喋喋不休地誇耀盎格魯—撒克遜的自由勝利進軍都無妨，但是，它從大眾方面獲得的支持卻是少之又少。毋寧説它是鄉紳和紳士的事業，不是嗎？丹納（Hippolyte Taine）説："海峽那邊所使用的這個三音節詞語〔gentleman，紳士〕，概括了英國社會的歷史。"的確是這樣。民主主義對這樣的詞語會充滿自信地加以反駁，並會反問道——"在亞當耕地，夏娃織布的時代，哪裏有紳士呢？"伊甸園裏沒有紳士，完全是可悲的事！人類的始祖因為紳士不存在而深感苦惱，並對此付出了高昂的代價。假如樂園裏有紳士，那兒的衣着不僅會更有品味，而且始祖也不需經受痛苦，才懂得不服從耶和華就是不忠實、不名譽、是謀反和叛逆吧。

過去的日本乃是武士之所賜。他們不僅是國民之花，而且還是其根本，所有上天美好的惠賜，都是經過他們流傳下來的。雖然他們擺出一副社會地位超出於民眾之上的姿態，但卻為人們樹立了道義的標準，並用自己的榜樣來加以指導。我承認武士道中有對內的和對外的教誨。後者是為謀求社會安寧和幸福的福利性的，前者則是純粹為自身德行的積累的。

在歐洲騎士道最盛行的時期，騎士只不過佔人口的一小部分。然而正如愛默生所説："在英國文學中，從菲利普・西德尼爵士（Sir Philip Sidney）一直到華爾特・史葛爵士（Sir Walter Scott），有一半戲劇和全部小説都是描寫這個人物（紳士）的。"如果把西德尼和史葛換成近松和馬琴[1]的名字的話，那麼日本文學史的主要特點，便可一言以蔽之。

民眾娛樂和民眾教育有無數渠道 —— 戲劇、曲藝場、

1　近松指近松門左衛門（1653-1724），馬琴指瀧澤馬琴（1767-1848），兩者皆日本作家。—— 譯者

説評書、淨琉璃 [2]、小説 —— 其主題都採自於武士的故事。農夫圍着茅屋中的爐火,毫不疲倦地反覆説着源義經及其忠臣辨慶,或者勇敢的曾我兄弟的故事,那些黝黑的小淘氣包張着嘴巴津津有味地傾聽,直到最後一根柴薪燒完,餘爐也熄滅了,內心卻由於方才聽到的故事還在燃燒。商店的掌櫃的和夥計們做完一天的工作,關上商店的雨窗 [3],便坐在一起講説織田信長和豐臣秀吉的故事,直到深夜,睡魔終於侵襲了他們的倦眼,把他們從櫃枱的辛勞轉移到戰場上的功名上。即使剛剛開始學步的幼兒也學會用其笨拙的舌頭來講桃太郎征討鬼島的冒險故事。就連女孩們內心也深深愛慕武士的武勇和德行,像德斯德蒙納(Desdemona)[4] 一樣,如飢似渴地追聽武士的故事。

武士成為了整個民族的崇高理想。民謠這樣唱道:"花是櫻花,人是武士。"武士階級被禁止從事商業,所以並不直接扶助商業。然而不論任何人世活動的途徑,不論任何思想的方法,在某種程度上也受到武士道的影響。知識以及道德的日本,直接或間接地都是武士道的產物。

馬羅克先生(William Hurrell Mallock)在他那非常富啟發性的著作《貴族主義與進化》(*Aristocracy and*

---

2 淨琉璃,一種三弦伴奏的説唱曲藝。 —— 譯者
3 雨窗是日本房屋窗外的木板套窗,用以防雨。 —— 作者
4 莎士比亞《奧瑟羅》(*Othello*) 中的人物。 —— 譯者

Evolution）中，雄辯道："社會的進化，不同於生物進化，可以定義為經由偉人的意志而產生的無意識結果。"又說，歷史上的進步，"並不是靠普通社會上為了生存的競爭，而是靠社會上少數人當中領導、指揮、動員大眾的最好方法的競爭而產生。"對馬羅克的議論是否確切的批評暫且不談，以上這些話已被武士在日本帝國以往於社會進步上所起到的作用，充分印證了。

武士道精神怎樣滲透到所有社會階級，從以俠客聞名的特定階級人物、民主主義的天生領袖的發展上可以了解。他們是剛強的男子漢，從頭到腳都充滿着豪邁的男子漢力量。作為平民權利的代言人和維護者，他們各自都擁有成百上千的追隨者，這些追隨者以武士對待大名的同樣方式，心甘情願地獻出"肢體與生命、身體、財產以及俗世的名譽"，為他們服務。這些天生的首領背後有過激而急躁的市井之徒的支持，對兩把刀階級[5]的專橫構成了可怕的阻遏力量。

武士道從它最初產生的社會階級，經由多種途徑流傳開來，在大眾中間起到了酵母的作用，向全體人民提供了道德標準。武士道最初是頂着優秀分子的光榮而起步，隨着時間推移，成了國民全體的景仰和啟發。雖然平民未能達到武士的道德水平，但是，"大和魂"終於發展成為

5　即武士階級。——譯者

島國帝國的民族精神的表現。如果說宗教這個東西，像馬修・阿諾爾德[6]所下的定義那樣，不過是"憑情緒而受感動的道德"的話，那麼，優於武士道而有資格加入宗教行列的倫理體系就很少了。本居宣長在吟詠以下的詩句時，表達了我國國民未說出來的心底話：

如果問甚麼是寶島的大和心？
那就是旭日中飄香的山櫻花！

的確，櫻花自古以來就是我國國民所喜愛的花，也是我國國民性格的象徵。尤其請注意詩人所吟詠的"旭日中飄香的山櫻花"一句。

大和魂並不是柔弱的人工培養植物，而是意味着自然的野生產物。它是我國土地上所固有的。也許它的偶然性與其他國土的花相同，但它的本質則完全是在我國風土上自發產生的。然而櫻花是國產的這一點，並不是我們喜愛它的唯一理由。它以其高雅絢麗的美訴諸我國國民的美感，這是其他種類的花所不及的。我們不能了解歐洲人對玫瑰的仰慕，因為玫瑰缺乏櫻花的單純。再者，玫瑰在甜美之下隱藏着刺，它對生命的執着是頑強的，與其倏忽

6　馬修・阿諾爾德（Matthew Arnold, 1822-1888），英國詩人、評論家。——譯者

散落，它寧肯枯在枝上，似乎嫌惡和害怕死亡似的；它華麗的色彩、濃郁的香味 —— 所有這些都和櫻花的特性顯然不同。我國的櫻花在美麗之下並不潛藏着利刃和毒素，任憑自然的召喚，隨時可捐棄生命，它的顏色並不華麗，它的香味清淡，並不醉人。一般說來，色彩和形態的美只限於外表，它的存在是固定不變的。反之，香味則是浮動的，有如生命的氣息一樣升上天空。因此，在一切宗教儀式上，乳香和沒藥起着重要作用。在香氣裏面有着某種屬靈的東西。當太陽從東方升起首先照亮遠東的島嶼，櫻花的芳香洋溢在清晨的空氣中時，再也沒有比吸入這美好日子的氣息更為清新爽快的感覺了。

如果看到"造物主在聞到馨香之氣時，便在心裏下定了新決心"的記載〔《聖經‧創世記》8:21〕時，那麼櫻花飄香的絕好季節，能呼喚全體國民走出他們狹窄居所之外，又有甚麼不可思議的呢？即使他們的四肢暫時忘卻了勞累，他們的心也忘掉了悲哀，也不要責備他們。短暫的快樂一結束，他們就會帶着新的力量和新的決心回到日常工作中去。總之，櫻花之所以是我國國民之花，實是一言難盡。

那麼，這種美麗而容易散落、隨風飄去，並散發一陣芳香便永久消逝的花，就是大和魂的典型嗎？日本之魂就這樣脆弱而容易消逝嗎？

第十六章

武士道還活着嗎？

在我國，正在迅速推進的西方文明，是否已經抹掉了自古以來的教訓的一切痕跡呢？

一個國家的國民之魂如果會像這樣迅速死亡的話，那是可悲的。這樣輕易便屈服於外來影響的魂，乃是貧弱之魂。構成國民性格的心理因素合成體，有其堅固性，就像"魚的鰭，鳥的喙，食肉動物的牙齒等等，與其種屬不可分離的要素"那樣。勒龐先生（Gustave Le Bon）在他那充滿膚淺斷言和華麗概括的近著[1]中說："基於知識的發現是人類共有的遺產，而性格上的長處和短處，則是各國國民專有的遺產。它堅如岩石，歷經幾個世紀流水對它日日夜夜的沖刷，也只不過磨去它外側的棱角罷了。"這是很激烈的語言。然而，如果說每個民族性格上的長處和短處，都構成了其專有的民族遺產的話，那是頗為值得深思的話。不過，這種公式的學說，早在勒龐開始撰寫他的這本著作前很久，便已被提了出來，而且早已為西奧多·魏

1　勒龐（Gustave Le Bon）:《民族心理學》(*The Psychology of Peoples*)，第 33 頁。——作者

茨（Theodor Waitz）和休・默里（Hugh Murray）所粉碎了。
當研究武士道所灌輸的各種德行時，我們曾從歐洲的典籍
中引用了一些來作比較和引證，可以看到沒有哪一個特性
能夠稱得上是武士道的專有遺產。道德諸種特性的合成
體，呈現出一個完全特殊的形象，這是千真萬確的。這個
合成體被愛默生稱之為“所有偉大力量作為材料參加進來
的複合結果”。但是康科德（Concord）[2] 的這位哲學家並
不像勒龐那樣，把它作為一個民族或國民的專有遺產，他
卻稱之為“結合各國最有力量的人物，使他們相互理解和
取得一致的要素。它精確到一種程度，即使某個人不使用
共濟會的暗號，也能夠馬上感覺出來”。

　　武士道刻印在我國國民上、特別是武士身上的性格，
雖然不能説構成“種屬的不可分離的要素”，但他們從此
保有其活力，是毫無疑問的。縱使武士道僅僅是物理的力
量，它在過去七百年間所獲取的動能也不可能這樣猝然停
止。即使説它僅僅是通過遺傳而傳播，它的影響肯定也達
到廣大的範圍。試想想，如果根據法國經濟學家謝松先
生（Claude Cheysson）的計算，假定一個世紀有三代人，
那麼“每個人在其血管中至少也流着生活於公元 1000 年
時那二千萬人的血液”。“彎着那背負世紀重荷的腰”，耕

2　愛默生後來定居於美國馬薩諸塞州的康科德。——譯者

種土地的貧農，其血管中流着好幾個時代的血液，這樣，
他正如跟"牛隻"是兄弟一樣，跟我們也是兄弟。

　　武士道作為一種無意識而且難以抵抗的力量，推動
着國家及個人。現代新日本最顯赫的先驅者之一吉田松
陰，在臨刑前夕吟詠了下列詩歌，就是日本民族的真實
自白：

　　明知種豆得豆，種瓜得瓜，
　　卻不得不奉獻啊，大和魂！

　　雖不具備形式，但武士道過去是，現在也是我國的生
氣勃勃的精神和原動力。

　　蘭塞姆先生（Stafford Ransome）說："今天並排存在
着三個各不相同的日本 —— 舊日本還沒有完全死亡，新
日本只不過剛在精神上誕生，而過渡的日本現在正經歷着
最危急的困境。"這些話在許多方面，特別是在關於有形
的、具體的各種制度上，是頗為正確的，但是把它應用到
根本的倫理觀念上時，則需要作若干修正。因為舊日本的
建設者和其產物的武士道，現在仍然是過渡的日本的指導
原則，而且必將證明它還是形成新時代的力量。

　　在王政復古的風暴和國民維新的旋風中掌握着我國
船舵的大政治家們，就是除了武士道之外，不知還有甚麼

道德教誨的人。近來有幾位作者[3]試圖證明，基督教的傳教士對於建設新日本作出了佔有顯著比重的貢獻。我雖然樂於將榮譽給予那些應得的人，然而上述榮譽卻很難授予善良的傳教士們。比起提出沒有任何確鑿證據的要求，"以尊敬之心彼此謙讓"的《聖經》誡條，應該會更適合他們的職務。對於我個人來說，我相信基督教傳教士為了日本，在教育，特別是在道德教育領域，正在做出偉大的事業 —— 但是，聖靈的活動雖屬確實，卻是神秘的，仍然隱藏於神聖的秘密之中。傳教士的事業仍只不過帶來間接的效用。不，迄今為止，幾乎還看不到基督教傳教在新日本性格形成上所作出的貢獻。不，不拘是好是壞，推動我們的是純正而又簡單的武士道。翻開現代日本建設者佐久間象山、西鄉隆盛、大久保利通、木戶孝允等人的傳記，還有伊藤博文、大隈重信、板垣退助等還活着的人物的回憶錄來看一看 —— 那麼，大概就會知道他們的思想以及行動都是在武士道的影響下進行的。觀察和研究過遠東[4]的亨利・諾曼先生（Henry Norman）宣稱：日本與

3　斯皮爾（Robert Speer）:《在亞洲的傳道與政治》(*Missions and Politics in Asia*)，第 4 講，第 180-190 頁；丹尼斯（James Dennis）:《基督教傳教與社會進化》(*Christian Missions and Social Progress*)，第 1 卷，第 32 頁及第 2 卷，第 70 頁，等等。 —— 作者

4　亨利・諾曼（Henry Norman）:《遠東的人民與政治》(*The Peoples and Politics of the Far East*)，第 375 頁。 —— 作者。

其他東方專制國家唯一不同之處在於，"從來人類所研究出來的名譽信條中最嚴格的、最高級的、最正確的東西，在其國民中間具有支配的力量"，這是觸及到了建設新日本的今天、並且實現其將來命運的原動力的一句話。

日本的變化乃是全世界所周知的事實。在這樣的大規模事業中，自然會有各種各樣的動力參加進來，但是如果要舉出最主要的東西的話，大概任何人都會毫不猶豫地舉出武士道。當全國開放對外貿易時，當把最新的改良推行到生活各個方面時，當開始學習西方的政治及科學時，指導我們的動機並不是開發物質資源和增加財富，更不是對西方習慣的盲目模仿。對東方的制度及人民作過細心觀察的湯森先生（Meredith Townsend）寫道："我們經常聽說歐洲如何影響了日本，卻忘記了這個島國的變化完全是她自身發生的。並不是歐洲人教導了日本，而是日本自己發起從歐洲學習文武的組織方法，從而獲得了今天的成功。正如幾年前土耳其輸入了歐洲的大炮一樣，日本輸入了歐洲的機械、科學。正確地説，這不是影響，除非説英國從中國購買茶葉是受到了影響。"他又問道："曾經改造日本的歐洲使徒、哲學家、政治家或宣傳家在哪裏呢？"[5] 湯森先生認識到產生日本變化的原動力，完

5　湯森（Meredith Townsend）:《亞洲與歐洲》（*Asia and Europe*），1900 年紐約版，第 28 頁。──作者

全存在於我國國民本身，這的確是卓見。而如果他更進而深入地觀察日本人的心理的話，那麼他敏銳的觀察力必然會很容易確認這個源泉正是指武士道。不能容忍被蔑視為劣等國家的這種名譽感 —— 這就是最強大的動機。殖產興業的考慮則是在改革過程稍後才有所覺醒。

　　武士道的薰陶到今天仍然存在，即便走馬觀花也能一目了然。只要看一眼日本人的生活，自然就會明白。閱讀那位對日本人心理最有說服力而且最忠實的詮釋者小泉八雲的著作，便會知道他所描寫的內心活動，就是武士道活動的例子。各處的人民都重視禮節，就是武士道的遺產，是無須贅述且眾所周知的事實。"矮小的日本人"全身充滿了耐力、不屈不撓和勇氣，在中日甲午戰爭中已得到充分證明。[6]"還有比日本更忠君愛國的國家嗎？"這是許多人提出的質問。對此，我們能自豪地回答："舉世無比！"這乃是武士道所賜的。

　　另一方面，也要公平地承認，武士道對於我國國民的缺點和短處，也要負上很大的責任。我國國民缺乏深邃的哲學的原因 —— 儘管我國某些青年人在科學研究上已經獲得了世界聲譽，但在哲學領域則尚未作出甚麼貢獻

6　論述這個問題的著述中，請特別參閱伊斯特萊克（F. Warrington East-lake）與山田合著的《英雄的日本》（*Heroic Japan*），以及戴奧斯（Arthur Diosy）的《新遠東》（*The New Far East*）。—— 作者

—— 應追溯於在武士道的教育制度下，忽視了形而上學的訓練。對於我國國民過於重感情、遇事易於激動的性格，我們的名譽感要負上責任。再者，如果說我國國民有外國人經常批評的那種妄自尊大的話，那也是名譽感的病態結果。

外國客人在日本旅遊的時候，大概可以見到許多蓬頭蔽衣，手持大手杖或書本，以與世無涉的態度在大道上昂首闊步的青年人吧？這就是"書生"（學生），對他們來說，地球太小了，諸天也不夠高。他對宇宙和人生有獨特的見解。他住在空中樓閣，咀嚼着幽玄的智慧語言。他的眼睛閃耀着功名之火，他的內心對知識如飢似渴。貧窮只不過是促使他前進的動力，在他看來，世上的財寶是對他品格的桎梏。他是蘊藏忠君愛國美德的寶庫，以國家榮譽捍衛者自居。他的所有美德及缺點象徵着，他就是武士道的最後孑遺。

武士道的薰陶雖然至今仍然根深蒂固，但正如我說過那樣，它是一種無意識且沉默的影響。國民的心會對自身繼承的觀念所提出的請求作出反應，即使不知背後原因為何，因此，同樣一個道德觀念，用新的翻譯名詞來表達，和在用舊的武士道用語來表達，其效力會有莫大的差異。一個背離了信仰的基督徒，牧師怎麼忠告也不能把他從墮落傾向中挽救出來，但用他曾一度向主宣誓過的誠實 —— 即忠義的觀念來打動他，他便幡然復歸於信仰。"忠義"

這個詞語，使任由其降溫的一切高尚情感復燃過來。在某所學校裏，一羣蠻橫的青年以對一位老師不滿為由，長期繼續罷課，卻因校長提出的兩個簡單質問便解散了。該兩個質問是："諸君的老師是個無可指責的人嗎？如果是的話，諸君就應該尊敬他，並把他留在學校。他是個懦弱的人嗎？如果是的話，去推一個要跌倒的人，就不是男子漢所為。"騷動是由於這位老師能力不足開始的，而比起校長所暗示的道德問題，就成了無關緊要的小問題了。藉着喚起由武士道所涵養的情感，偉大的道德革新便得以完成。

在我國，基督教傳教事業之所以失敗，原因之一在於大多數傳教士對於我國歷史全然無知。有人說："有必要去關心異教徒的記載嗎？"—— 其結果是使他們的宗教與我們以及我們祖先過去長達幾個世紀所繼承下來的思想習慣割裂開了。嘲弄一國國民的歷史嗎？—— 他們根本不知道，任何民族的經歷，甚至是沒有任何記錄的、最落後的非洲土著的經歷，也都是經上帝的手所寫的、人類共同歷史的一頁。就連那些已經滅亡的種族，也是一部應由獨具慧眼之士去辨讀的古代文獻。對有哲學頭腦而且是虔誠的心靈來說，各個人種都是上帝書寫的符號，或黑或白，就如同他們的膚色一樣，可以清楚地探尋其蹤跡。如果這個比喻恰當，那麼黃種人就是用金色的象形文字寫下的珍貴一頁！傳教士們無視一國國民的過去經歷，主張基督教是一個新的宗教，但照我看來，基督教乃是"非常古老的故事",如果用易於理解的語言來介紹的話,也就是説,如果用一國國民在其道德發展歷程上所熟知的詞彙來表達的話,那麼不管是何人種或民族,都會很容易印在他們心上。美式或英式的基督教——比起耶穌基督的恩寵和純粹來,毋寧説包含了許多盎格魯—撒克遜的恣意妄想——當嫁接到武士道這株樹幹上只是一根幼弱的樹芽。新信仰的宣傳者們應當把樹幹、樹根、樹枝全部連根拔掉,而在荒地上播種福音的種子嗎?這樣的英勇做法也許在夏威夷可行吧,在那裏,據稱在地上爭戰的教會(the church militant)在榨取財富和滅絕土著種族方面已取得完全成功。然而,這樣的做法在日本卻絕對不可能——不,這是耶穌本人在建立其在地上的王國時所決不會採用的方法。我們應該牢記那位虔誠的基督徒,且是深邃的學者喬伊特(Benjamin Jowett)所論述的話:

"人們把世界區分為異教徒和基督教徒,然而並不去考慮在前者中究竟隱藏着多少善,而在後者中究竟混雜着多少惡。他們拿自己的最好部分去與鄰人的最差部分相比較,拿基督教的理想去與希臘或東方的腐敗相比較。他們並不尋求公平,而以匯集一切能説明自己宗教優越的事和一切能貶抑其他形式宗教的事以為滿足。"[7]

7　喬伊特(Benjamin Jowett):《論信仰與教義的講道集》(*Sermons on Faith and Doctrine*),第 2 章。——作者

　　但是，儘管就個人來說會犯甚麼樣的謬誤，他們的傳
教士所信奉的宗教的根本原理，無疑是我們在考慮武士道
的未來時，必須考慮進去的一種力量。看來武士道的氣數
將盡了。顯示其未來的不祥之兆已彌漫於空中。不僅是
徵兆而已，各種強大的勢力正在威脅着它。

第十七章

武士道的將來

　　像歐洲的騎士道和日本的武士道之間，能夠這樣確切地進行歷史比較的東西是少見的。如果認為歷史能夠重演的話，那麼後者的命運必定會重演前者的遭遇。對於騎士道的衰落，聖‧帕拉（St. Palaye）所列舉的特定和本土性原因，對於日本的情況當然並不適用。不過，在中世紀及其後，對摧毀騎士和騎士道起過作用的、比較大而普遍的各種原因，對導致武士道衰微也確實起着作用。

　　歐洲經驗和日本經驗之間的一個顯著差別是，騎士道在歐洲脫離封建制度時，便為基督教會所養育，從而獲得了新的壽命；與此相反，在日本並沒有足以養育武士道的大宗教。因此，在母體制度（即封建制度）消逝時，武士道便成了孤兒，任憑它自生自滅。也許現在整頓過的軍隊組織可以保護它，不過，正如我們所知，現代的戰爭不會為武士道的不斷成長提供多大餘地。在武士道幼年時哺育過它的神道已經衰老了。中國古代的聖賢已被邊沁、彌爾式的知識暴發戶所取代。為了迎合當時的沙文主義傾向，社會上開創並提出了一種享樂主義式的道德理論，但如今也只能在通俗報紙的專欄裏聽見這些刺耳的聲音。

　　各種各樣的權限和權威都擺開陣勢來對抗武士道。正如維布倫（Thorstein Veblen）所說：已經出現的 "產業階級間禮儀的衰微，或稱為生活的庸俗化，在一切具有敏銳感受力的人們眼裏，已被看作是澆季文明的主要禍害之一"。光是那無法抵擋且意氣風發的民主思潮，就有足夠力量吞沒武士道的殘餘。因為民主思潮不容忍其他任何形式或形態的信仰，然而武士道卻是一個由那些壟斷知識和文化資本儲備，決定道德質素等級和價值的人們所建立的信仰。現代的社會勢力與無足輕重的階級精神對立。而騎士道卻正如弗里曼（Edward Augustus Freeman）所尖銳批評的那樣，是一種階級精神。現代社會，只要標榜哪怕是某種統一，就不會容忍 "為了特權階級利益而設計出來的純個人義務"。[1] 加上普及教育、產業技術、財富以及城市生活的發展 —— 於是我們就能輕易懂得，不論是武士刀最鋒利的刃也好，還是從武士道最強勁的弓所射出最銳利的箭也好，都沒有用武之地。在名譽的磐石上建設起來，並由名譽來捍衛的國家 —— 是否應稱之為名譽國家（Ehrenstaat），或仿照卡萊爾（Thomas Carlyle）那樣稱之為英雄國家（Herocrchy）呢？ —— 正在迅速地落入以謬

1　弗里曼（Edward Augustus Freeman）：《諾曼的征服》（Norman Conquest），第 5 卷，第 482 頁。—— 作者

論武裝起來、玩弄詭辯的律師和胡說八道的政治家股掌中。一位大思想家在談到特里薩和安蒂岡尼[2]時說過："衍生他們熱烈行為的環境已經永遠消逝"，大概轉用到武士身上也會合適。

多麼可悲啊，武士的德行！多麼可悲啊，武士的驕傲！用鑼鼓的響聲歡迎進入人世的道德，有着與"將軍們和國王們逝去"一同消失的命運。

如果說歷史可以教導我們甚麼的話，那就是建立在武德之上的國家 —— 不管是像斯巴達那樣的城邦國家，或是像羅馬那樣的帝國 —— 不能是地上"保持永恆的都市"。雖說人身上的戰鬥本能是普遍且天然的，並能產生高尚情感和陽剛之德行而顯得有價值，但它並沒有囊括人的全部特質。在戰鬥的本能之下，潛藏着更為神聖的本能，這就是愛。神道、孟子，以及王陽明都曾清楚地運用它來進行教導，這點我們已經看到了。但是，武士道以及其他一切軍事派的倫理，卻無疑由於過分埋頭於直接、實際上所必需的各種問題，而每每忘記了給以上述事實一個恰當的重視。人生觀在後來的時代已經擴大了。今天正在要求我們注意的東西，是比武士的使命更高、更廣的

2　特里薩（Theresa）：十七世紀的小說中，荷蘭的勇將馬澤伯的愛人（拜倫《馬澤伯》）；安蒂岡尼（Antigone）：底比斯（Thebes）國王俄狄甫斯（Oedipus）的女兒。

呼召。隨着人生觀的擴大、民主主義的發展、對其他人和其他國家的認識增加，孔子的仁愛思想 —— 佛教的慈悲思想也應附加於此？ —— 大概會擴大到基督教的愛的觀念。人已不是臣民，已發展到公民的地位。不，他們超過公民之上 —— 而是一個人了。

雖然陰雲密佈在我們之上，但我們相信和平天使的翅膀會把它驅散。世界的歷史會證實"溫和的人將繼承大地"這個預言。一個國家如果出賣了和平的長子名份，並且從產業主義的前線退下來，轉移到侵略主義戰線，完全是在做毫無價值的交易！

在社會狀態已經轉變到不僅是反對，甚至是敵擋武士道時，也要為武士道準備光榮的葬禮了。要確定騎士道何時消亡，跟確定其準確的起始時間同樣困難。米勒博士（George Miller）説，騎士道是因法國的亨利二世在 1559 年的比武中被殺而被正式廢除。在我國，1870 年〔明治三年〕廢藩置縣的詔令就是敲響武士道喪鐘的信號。在此五年後頒佈了廢刀令，便喧囂地送走了作為"無償的生命恩典、低廉的國防、男子漢的情操和英雄事業的保姆"的舊時代，並迎來了"詭辯家、經濟學家、謀略家"的新時代。

有人説，日本最近在與中國的戰爭中是靠村田槍和克虜伯炮獲勝。又説，這個勝利是現代學校制度發揮的作用。但是，這些話連片面的真理也不是。即使是艾爾巴或

146

史坦威[3]製造的最精良的鋼琴，不經著名音樂家之手，它本身能彈奏出李斯特的狂想曲或者貝多芬的奏鳴曲嗎？再者，如果說槍炮是能打勝仗的東西，那麼為甚麼路易‧拿破崙未能用他的密特萊爾茲式機關槍（Mitrailleuse）去打敗普魯士軍隊呢？或者，西班牙人為甚麼未能用他們的毛瑟槍（Mausers）去打敗不過是手持舊式雷明頓槍（Remingtons）的菲律賓人呢？注入活力的是精神，沒有它的話，即使是最精良的器具幾乎也是無益的，這種陳腐的話無需再重複了。最先進的槍炮也不能自行發射，最現代化的教育制度也不能使懦夫變成勇士。不會的！在鴨綠江，在朝鮮以及滿洲，打勝仗的乃是指導我們雙手、讓我們心臟搏動的、我們的父祖輩的威靈。這些威靈、我們勇敢的祖先的靈魂，並沒有死。那些明眼人會清楚看見這些威靈。即使具有最先進思想的日本人，如果在他的皮膚上劃上一道傷痕，傷痕下就會出現一個武士的影子。名譽、勇氣以及其他一切武德的偉大遺產，正如克拉姆教授（John Adam Cramb）十分恰當地表達的，"只不過是我們的寄託財產，是不能從死者和將來的子孫那裏奪走的俸祿。"而現在的使命就是保護這個遺產，使古來的精神一

3　艾爾巴（Friedrich Konrad Ehrbar, 1827-1905）和史坦威（Henry Engelhard Steinway, 1797-1871）兩人都是西方歷史上有名的鋼琴製造家。——譯者

點一畫也不受損害；未來的使命則是擴大其範圍，在大眾的一切行為和關係中加以應用。

有人預言，封建的日本道德體系會與其城郭一樣崩潰下去，變為塵土，而新的道德將像不死鳥那樣，為引導新日本前進而建立起來，這個預言已由過去半個世紀所發生的事情得到引證。這樣預言的實現值得高興，而且也能夠發生，但不要忘記，不死鳥僅僅是從牠本身的灰燼中復活起來，牠並不是候鳥，也不是假借別的鳥兒的翅膀來飛翔。"上帝之國即在汝等之中。"它既不是從多麼高的山上滾落下來，也不是從多麼寬闊的大海航渡過來的。《古蘭經》說："真主賜給各國國民以講其國語言的預言者。"為日本人的心靈所證實和理解的國度種子，在武士道上開出了花朵。可悲的是，還沒等到它完全成熟，現在武士道的日子就要結束了。而我們雖向四面八方尋求別的美與光明、力量與慰藉的源泉，但至今尚未發現能夠代替它的東西。功利主義者及唯物主義者的盈虧哲學，成了那只有半個靈魂的強詞奪理者的愛好。足以與功利主義及唯物主義相抗衡的強大倫理體系就只剩下基督教了，必須承認，武士道與它相比就如同"冒煙的亞麻稈"一樣。但是，救世主宣稱，不是要把它熄滅掉，而是要煽動它發出火焰。跟救世主的先驅、希伯來的預言家們，其中包括以賽亞、耶利米、阿摩司和哈巴谷等一樣，武士道特別注重統治者、公務員及國民的道德行為。與此相反，基督的道德由於幾乎專門關於個人,以及基督信徒,所以隨着個人主義作為道德因素的資質在力量上的增長,實際應用的範圍就會擴大。尼采所說的專制且自我肯定的所謂主人道德,在某些方面接近武士道。然而,如果我沒有太大誤解的話,武士道是一個過渡的形式或暫時的行為,以否定尼采病態地歪曲而提出的奴隸道德 —— 即拿撒勒人謙卑且自我否定的道德形態。

基督教和唯物主義(包括功利主義)—— 將來或許會還原為所謂希伯來主義(Hebraism)和希臘主義(Hellenism)的更古老形式? —— 會把世界瓜分了。較小的道德體系如果考慮到自己要繼續生存的話,大概會跟兩者中的其中一方聯合。武士道會與哪一方聯合呢?由於武士道並沒有任何概括起來的教義或公式可遵循,所以作為整體,它將任憑其本身消失,像櫻花一樣甘願在清晨的第一陣和風中散去。然而,它決不會完全滅絕。誰能夠說斯多葛主義(Stoicism)已經滅亡呢?它作為一個體系已經滅亡,但是作為一種美德卻還活着。它的精力和活力,今天仍然在人世的諸多方面 —— 在西方各國的哲學中,在整個文明世界的法律中,可以感覺到。不,只要人們還為超越自己而奮鬥時,只要人們還通過努力使靈魂支配肉體時,我們便會看到芝諾(Zeno)的不朽教導在起着作用。

武士道作為一個獨立的倫理訓條也許會消失,但是它的威力大概不會從人間消亡。它所教導的高超武術技巧

或公民榮譽感也許會消失，但是它的光輝、它的榮耀，將
會越過這些廢墟而永世長存。正像象徵武士道的花那樣，
當它在四方吹來的風中散落之後，仍然會用它的芬芳來豐
富人世，來向人類祝福。百世之後，到了它的習俗已被埋
葬，連它的名字也被遺忘之時，它的芳香也會從那"在路
旁站着眺望"也見不到的遙遠山崗上隨風飄來——這時，
正如那個教友派詩人用美麗的語言所吟唱的那樣：

　　對身邊不知來自何處的芬芳，
　　旅人懷着感謝的心情，
　　停止腳步，脫下帽子，
　　去接受那來自空中的祝福。